AF630574

NATIONAL GEOGRAPHIC

BRIAN SKERRY

DAS GEHEIME LEBEN DER WALE

WAS WIR VON DEN SANFTEN RIESEN LERNEN KÖNNEN

Dieses Buch bedient sich in Bezug auf das Aussterberisiko der verschiedenen Spezies der von der International Union for Conservation of Nature aufgestellten Klassifikationen: Ausgestorben (Extinct, EX), In der Natur ausgestorben (Extinct in the Wild, EW), Vom Aussterben bedroht (Critically Endangered, CR), Stark gefährdet (Endangered, EN), Gefährdet (Vulnerable, VU), Potenziell gefährdet (Near Threatened, NT), Nicht gefährdet (Least Concern, LC), Ungenügende Datengrundlage (Data Deficient, DD) und Nicht beurteilt (Not Evaluated, NE).

Yin und Yang von Buckelwalen bei den Cookinseln im Südpazifik.

EIN FUNKEN HOFFNUNG
Ein junges Pottwalweibchen spielt in den Gewässern der Dominikanischen Republik. Vom Autor wurde es »Hope«, Hoffnung, getauft, weil die Schule dringend weibliche Kälber brauchte.

FESTMAHL MIT FREUNDEN
Mit weit geöffnetem Riesenmaul durchbrechen Buckelwale in Alaska die Wasseroberfläche, um Heringe zu fressen. Nur ein kleiner Prozentsatz der hier lebenden Wale praktiziert diese gemeinschaftliche Strategie der »Blasennetzjagd«.

WOHLFÜHLOASE FÜR WEISSWALE
Nachdem sie lange Strecken durch die Nordwestpassage in der kanadischen Arktis zurückgelegt haben, genießen Weißwale, auch Belugas genannt, die Tage in den wärmeren Gefilden einer flachen Flussmündung.

PRÄZISION IM DUNKELN
In der norwegischen Arktis versperrt ein Schwertwal einer Schule Heringe den Weg und kommuniziert das Vorgehen mit seinen Artgenossen. Die Tiere ziehen zur Zeit der Polarnacht im Winter hierher und erzeugen mit ihrer Jagdtechnik Köderballen der Fische, von denen sie sich ernähren.

HAWAII SOCIAL CLUB
Nach der nächtlichen Futtersuche in den Küstengewässern vor Oahu ruht sich eine Schule Ostpazifischer Delfine, eine der geselligsten Delfinspezies, aus und spielt.

VORWORT **JAMES CAMERON**

DAS GEHEIME LEBEN DER WALE

Stellen Sie sich eine Meereswelt vor – eine Reihe miteinander verbundener Habitate voll tropischer Gärten in den unterschiedlichsten, verrücktesten Farben, steiler Schluchten, brodelnder Hydrothermalspalten und eisbedeckter Berge. In dieser von Leben nur so pulsierenden Welt spielen das Riesige und das Winzigkleine gleichermaßen eine entscheidende Rolle, denn das eine hängt vom anderen ab.

Stellen Sie sich dazu nun eine hochintelligente Spezies mit sehr großem Gehirn vor, eine empfindsame Nation verschiedener Völker, von denen jedes seine ganz eigene, reichhaltige Kultur besitzt. Die Mitglieder dieser Spezies bewahren ihre Eigenheiten und lehren ihre Nachkommen jene Fähigkeiten, die diese zum Überleben brauchen, geben uralte Traditionen weiter, trauern um ihre Toten und feiern neues Leben.

Diese Welt voller Magie entstammt nicht dem Reich der Science-Fiction. Ich spreche hier von unserer Welt, der Erde: einem Planeten der Ozeane, auf dem Wale die Wasser durchstreifen und ein komplexes Leben führen, das bislang kaum dokumentiert ist.

Wenn wir diese rätselhaften Tiere, diese Meeresgiganten, wirklich erkennen und wertschätzen wollen, brauchen wir große Geschichten. Und Brian Skerry ist ein großer Wal-Geschichtenerzähler. In der Wissenschaft verwurzelt, hat er vier Jahrzehnte hindurch als Fotograf für *National Geographic* die Poesie der wunderschönen Tiere eingefangen. Die Wale haben ihn in ihre Mitte aufgenommen, und nun zeigt er uns, was er dort gesehen hat: das geheime Leben der Wale.

Brian ist »Explorer-at-Large« von *National Geographic*, und ich verstehe seinen Forschungs- und Schaffensdrang – eine Leidenschaft, die ich mit ihm teile. Wir sind beide in Arbeiterstädten des Binnenlands aufgewachsen, haben uns aber immer vom Meer angezogen gefühlt. Wir haben beide unseren Tauchschein in einem YMCA-Schwimmbad gemacht (ich im Alter von 16 mitten im Winter im eiskalten Buffalo). Und wir glauben beide daran, dass man immer weiter vorwärts streben muss, um zu suchen, zu verstehen und Bilder hervorzubringen, die unsere Welt auf neue und inspirierende Art zeigen.

»Das geheime Leben der Wale« ist das Tor zu einer anderen Dimension auf unserem Planeten der Ozeane. Diese Bilder entführen uns ins Meer, wo wir Zeugen werden: der Zärtlichkeit zwischen Walmutter und Walkalb oder des Schauspiels einer Jagd und der Freude am Spielen. Brians Arbeit wirft ein helles Schlaglicht auf die »Walheit«. Ein Schlaglicht, das uns erleuchtet. ■

Eine Buckelwalmutter in der Nähe der Cookinseln nimmt ihr zwei Tage altes Kalb unter ihre Fittiche. Die Weibchen dieser Spezies kümmern sich hingebungsvoll um ihre Jungen und bringen ihnen die Verhaltensweisen bei, die sie zum Überleben brauchen.

EINFÜHRUNG BRIAN SKERRY

Dieses Erlebnis werde ich nie vergessen. Ich hatte gerade einen Tauchgang zum Wrack der »Pinthis« in der Cape Cod Bay beendet und kletterte aufs Boot meines Freundes zurück, als ich eine Nachricht im Marine-Radio hörte: Ein Hummerfischer meldete, dass sich ein Wal in seinem Schleppnetz verfangen hatte, das mehrere Hummerfallen miteinander verband. Er selbst war auf dem Weg zurück zum Hafen, er konnte nichts tun, wie er sagte.

Das war 1985 – in der Zeit vor dem GPS –, also gaben wir die Koordinaten, die der Fischer übermittelt hatte, ins LORAN-C-Navigationssystem ein, berechneten den Kurs und fuhren los. Als wir ankamen, erwartete ich, einen riesigen Wal an der Wasseroberfläche zu sehen, doch außer ein paar Hummerbojen war nichts zu entdecken. Wir stellten den Motor ab und ließen uns einige Minuten lang treiben. Plötzlich hörten wir den Blas eines Wals – und tatsächlich: Da war er, in Richtung Hafen, in ein Netz gewickelt, und er zog Bojen hinter sich her. Ich trug noch immer meinen Trockenanzug, mit dem ich nun ins Meer sprang.

Einen Wal aus einem Netz zu befreien ist eigentlich Aufgabe von Spezialisten, weil man dafür Übung und meist auch ein Zertifikat braucht. In der Regel übernimmt das eine erfahrene Mannschaft von einem Boot aus. Dabei schnappt man sich – wenn möglich – einen im Wasser treibenden Teil des Netzes und hakt ihn ans Boot. Hat sich der Wal beruhigt, wird er vorsichtig näher ans Boot herangezogen und zugleich das Netz an den entscheidenden Stellen gekappt, bis das Tier schließlich freikommt.

Das ist sehr riskant, denn macht man es falsch, können Tier oder Mannschaft Schaden nehmen. Es ist schon zu tragischen Unfällen gekommen, bei denen wohlmeinende Retter durch einen Schlag der Walfluke getötet wurden. Einig ist man sich vor allem darüber, dass es verrückt wäre, einen solchen Befreiungsversuch ohne Boot zu unternehmen.

Ich war damals 23 und wusste von alldem nichts. Mein einziger Gedanke war: Du musst dieses Tier retten! In meinem unbequemen blauen Unisuit und mit Tauchermaske, Schnorchel und Flossen schwamm ich zu dem kleinen Buckelwal hinüber, nicht mit der Kamera, sondern mit einem alten Klappmesser in der Hand.

Wobei »klein« natürlich relativ ist. Das Kalb, das sich im Netz verfangen hatte, war mindestens sechs Meter lang und wog wahrscheinlich an die fünfzehn Tonnen. Ganz langsam schwamm ich an der Wasseroberfläche auf das Tier zu, verschaffte mir einen Überblick über die Lage des Netzes und überlegte, was ich als Nächstes tun sollte. Als ich näherkam, schlug das Kalb kurz um sich und raubte mir mit seiner Brustflosse dabei beinahe den Atem. Es tauchte ins dunkle Wasser ab und ließ mich allein oben zurück.

Als der Wal wieder auftauchte, konnte ich sehen, dass er wie an einer Leine hing. Er war in das Schleppnetz verwickelt

Zeus, ein männlicher Pottwal, schätzungsweise mehr als 15 Meter lang, steigt vor Sri Lanka an die Wasseroberfläche.

und konnte sich zwar auch etwas bewegen, aber die Hummerfallen auf dem Meeresboden hinderten ihn daran wegzuschwimmen.

Erneut näherte ich mich dem Kalb; dieses Mal gelang es mir, meine Hand unter einen Teil des Netzes zu schieben. Ich hob es an, um es mit dem Messer durchzuschneiden. Wieder tauchte das Kalb, kehrte aber weniger als eine Minute später an die Wasseroberfläche zurück. Und so ging das mehr als eine Stunde lang: Ich schnitt ein Stück des Netzes durch, und das Kalb tauchte ab und wieder auf.

Jedes Mal, wenn ich den kleinen Buckelwal etwas weiter vom Netz herausgelöst hatte, bekam ich das Gefühl, dass das Tier mich immer weniger als Bedrohung sah, sondern als Helfer. Es war nicht mehr beunruhigt, ließ mich näherkommen und hielt still, während ich ein Seil nach dem anderen durchtrennte.

Nachdem ich Körper und Fluke befreit hatte, blieb nur noch ein Stück Netz auf der linken Seite des blutigen Walmauls übrig, dort hatte sich das Seil ins Fleisch gegraben. Unendlich langsam schwamm ich dorthin. Ich konnte sehen, wie ein Auge mich eine gefühlte Ewigkeit lang anstarrte, dabei waren es vermutlich nur Sekunden.

Ich griff nach dem Seil und zog es ganz sanft vom Maul des Tiers. Nun, da das Kalb vollständig frei war, dachte ich, es würde fluchtartig davonschwimmen, doch stattdessen blieb es an der Wasseroberfläche, sah mich eine Zeit lang an und tauchte erst dann elegant in flachem Bogen ab. Ich trieb in seinem Kielwasser, blickte ihm nach und hörte seinen Blas, bis der Buckelwal am dunstigen Horizont verschwunden war.

Das Buch, das Sie in Händen halten, steckt voller Erlebnisse wie diesem; jahrzehntelange Feldforschung ist darin festgehalten, bei der ich einige der majestätischsten Geschöpfe der Welt fotografierte. Wale verkörpern ihr Reich, das Meer, wie kaum ein anderes Tier, doch bekommen die meisten Menschen sie – wenn überhaupt – nur flüchtig zu Gesicht, und das Leben der Wale gibt uns noch immer viele Rätsel auf. Die »Menschlichkeit« der Tiere hat mir Ehrfurcht eingeflößt, und ich hoffe, mit den Bildern in diesem Buch ihre wichtige Rolle auf unserem Planeten etwas näher zu beleuchten. Schließlich schützt der Mensch, was er liebt, und diese Leidenschaft kann durch packende Geschichten entfacht werden.

Die Fotos in diesem Buch zeigen die Kultur und die Klugheit der Wale, eine, wie ich hoffe, vielschichtige Sicht der größten Tiere der Welt und ihrer komplexen Gesellschaften. Wie Sie feststellen werden, verfügen diese mächtigen Wesen über eine erstaunliche Fähigkeit, sich an neue Gegebenheiten anzupassen. Zudem gibt es Beweise für tiefergehende kulturelle Elemente in ihrem Leben, von einzigartigen Dialekten über Matriarchate bis hin zu organisierten gesellschaftlichen Bräuchen wie die jährliche gemeinsame Nahrungssuche. Mein Wunsch ist es, auf den folgenden Seiten diese Geschöpfe in all ihrer Pracht darzustellen – und wenn auch nur ein Bild oder eine Geschichte davon Sie anspricht, so war meine Arbeit für mich erfolgreich.

Ich bin in Massachusetts aufgewachsen, und einige meiner liebsten Kindheitserinnerungen beziehen sich auf die Tage, die wir am Strand verbrachten. Meine Familie machte Urlaub an Orten wie New Bedford, wo ich durch das Walmuseum stromerte, die Logbücher der Seeleute studierte und mir Ölgemälde vom Leben am Meer ansah. Ich spazierte durch die kopfsteingepflasterten Straßen, durch die auch Melville mehr als ein Jahrhundert zuvor spaziert war, und ich saß auf einer Kirchenbank der Seemannskirche Seamen's Bethel, deren Kanzel wie ein Schiffsbug geformt ist.

Als Junge aus einer kleinen Textilstadt zogen die Geheimnisse der Wale und die Romantik von Ozeanabenteuern mich wie Sirenengesang in ihren Bann. Der Gedanke, eines dieser großartigen Tiere zu töten, war für mich abscheulich, die Vorstellung einer wilden, urtümlichen Megafauna aber, die gelassen die Meere durchstreift, berührte meine Seele.

Denn dies waren nicht Dinosaurier, die vor Millionen von Jahren gelebt hatten, nein, sie waren jetzt und in diesem Moment da draußen – und ich musste sie sehen.

Jahrzehnte sollten vergehen, bevor ich schließlich meinen ersten Wal unter Wasser sah, und auch dies war einer, der unter dem Menschen zu leiden und sich in einem Fischernetz verfangen hatte. Ich reise zu Walen, weil ich sie fotografieren will, doch die Magie besteht darin, in ihre Welt eingelassen zu werden. Ich habe kein Interesse daran, Wildtiere zu streicheln oder für ein Bild näher als nötig an sie heranzukommen. Wichtig ist mir jedoch, von ihnen akzeptiert zu werden oder sogar die Bestätigung zu erhalten, dass ich in ihrer Nähe willkommen bin. Von Walen akzeptiert zu werden bedeutet für mich so etwas wie den Aufstieg auf eine höhere Ebene.

Im Laufe meiner Karriere ist es zu vielen solchen Begegnungen gekommen: Tage, die ich mit einem wilden Delfin vor Irland verbracht habe, mit einer Schule Pottwale vor den Azoren, mit einem verwaisten Weißwal vor Nova Scotia. Bei vielen dieser Erlebnisse hatte ich das Gefühl, mehr als nur akzeptiert zu sein – ich interagierte mit den Walen, und sie entschieden sich, sich auch auf mich einzulassen. Und nach jeder dieser Begegnungen sehnte ich mich nach mehr.

Die Chance zu diesem Mehr erhielt ich durch *National Geographic*. Mit der Feldarbeit für meine erste Walstory, bei der ich zwei Jahre lang Glattwale begleitete, begann ich 2006. Im Jahr 2013 nahm ich einen auf ebenfalls zwei Jahre ausgelegten Auftrag an, für den ich fünf Delfinarten – Delfine sind kleinere Wale – an neun verschiedenen Orten der

Eine Schule Narwale versammelt sich in der kanadischen Hocharktis an der Wasseroberfläche. Eine Mutter trägt ihr Kalb auf dem Rücken, daneben schwimmt ein an seinem Stoßzahn zu erkennendes männliches Tier – das sagenumwobene »Einhorn der Meere«. *(Foto: Brian Skerry und Nansen Weber)*

Welt fotografierte; die Bilder wurden 2015 im Rahmen einer Titelgeschichte veröffentlicht. In dieser Zeit habe ich zwei Dinge gelernt: dass ich vollauf zufrieden wäre, könnte ich für den Rest meines Lebens ausschließlich mit Walen arbeiten, und dass ich aber selbst dann nur Einblicke in bestenfalls einen sehr kleinen Teil ihres Lebens gewinnen würde. Denn Wale sind ausgesprochen komplexe Lebewesen, die wir wohl nie ganz erforschen werden.

Etwa zu dieser Zeit lernte ich Shane Gero kennen, einen Biologen, der sich mit Pottwalen in der Nähe des Inselstaats Dominica beschäftigte. Er beschrieb Wale, die er persönlich kannte: Generationen von Schulen, angeführt von älteren, erfahreneren Weibchen. Er fand heraus, dass Identität bei diesen Tieren eine wichtige Rolle spielte und dass die einzelnen Schulen größere Gruppen bildeten, die über einen gemeinsamen Dialekt verfügten. Selbst innerhalb der Schulen, so Gero, wandten die Pottwale verschiedene Erziehungsmethoden an: Bei einigen gab es Babysitter und sogar Säugammen.

Das Bild, das Shane Gero zeichnete, war eines der Kultur, der Traditionen, die über Generationen hindurch weitergegeben werden. Verschiedene Gruppen innerhalb einer einzigen Art verhalten sich unterschiedlich, je nachdem wo sie leben, was ihnen beigebracht wurde und was ihnen Äonen von Jahren im Meer an Weisheit mit auf den Weg gegeben haben.

Da dämmerte es mir plötzlich: Wale durch die Brille der Kultur zu betrachten, ist der Schlüssel dazu, sie zu verstehen. Die kognitiven Fähigkeiten bilden die Grundlage: Delfine und Wale besitzen im Hinblick auf ihre Körpergröße ein

Einer von drei adulten Grindwalen vor Kona, Hawaii, hält ein totes Kalb im Maul – möglicherweise eine Art Trauerritual.

relativ großes Gehirn. Doch interessanter noch ist, wie die Tiere ihr Gehirn benutzen. Buckelwale veranstalten regelrechte Sängerwettstreite; Schwertwale bevorzugen exotische Nahrung; Weißwale schwimmen jeden Sommer an ihren Lieblings-Strandurlaubsort. Natürlich vermenschliche ich hier, aber nur wenig. Walverhalten in menschlichen Ausdrücken zu beschreiben (»Sängerwettstreit«, »Strandurlaubsort«) mag unwissenschaftlich sein, doch ist das Beschriebene definitiv mehr als nur ein Verhalten: Es ist Kultur.

Als Geschichtenerzähler kenne ich den Wert von Erlebnissen, die man mit anderen teilt, um eine Verbindung zu ihnen herzustellen. Shane beschreibt den Unterschied zwischen Verhalten und Kultur folgendermaßen: »Verhalten ist, was wir tun; Kultur ist, wie wir es tun.« Er erklärt dies am Beispiel des Essens mithilfe von Werkzeugen – das ist Verhalten. Ob die Werkzeuge nun aber Messer und Gabel oder Stäbchen sind, das ist Kultur.

Zu sagen, Schwertwale bevorzugten exotische Nahrung, bedeutet, sie mit Semantik zu vermenschlichen, die wir verstehen. Fakt ist aber, dass die Tiere tatsächlich geografische Vorlieben hinsichtlich ihrer Nahrung haben. An manchen Orten geht diese kulturelle Vorliebe sogar so weit, dass die Tiere lieber sterben als etwas anderes zu fressen.

Diese Enthüllungen faszinierten mich derart, dass ich mich 2017 auf eine dreijährige Odyssee begab, um meine bisherigen Forschungen auszudehnen, mehr von Walen zu lernen und ganz spezifische Verhaltensweisen und Augenblicke in ihrem Leben zu fotografieren – die eindeutig ehrgeizigste Aufgabe, die ich mir im Rahmen meiner Arbeit bislang gestellt habe. Und dementsprechend unternahm ich die ersten Schritte sowohl mit Vorfreude als auch mit einer gewissen Nervosität.

Da es nicht leicht ist, Wale überhaupt aufzunehmen, war die Möglichkeit eines Misserfolgs groß. Wenn ich Wale fotografiere, mache ich das größtenteils ohne Sauerstoffflasche. Deshalb bleibt mir nur genau die Zeit zum Fotografieren, in der ich den Atem anhalten und tauchen kann. Außerdem muss mich der Wal dafür recht nah an sich heranlassen. Und die Sonne muss scheinen, sonst mangelt es dem Foto hinterher an Farbe und Schärfe. Wenn all das stimmt und der Wal zudem noch etwas Interessantes tut – dann spreche ich von einem wirklich guten Tag.

Das Mengendiagramm der Walfotografie macht alles andere als Mut: Großartige Resultate erfordern in der Regel unendlich viel Zeit vor Ort. Dieses Buch ist das Ergebnis vieler Reisen. Es ist auch das Ergebnis unschätzbarer Hilfe begabter Menschen und wäre ohne eine großzügige Prise Glück nicht zustande gekommen (oder göttliche Intervention, wie ich gern sage).

In seinem Buch über Cape Cod schrieb Henry Beston:

> Denn die Tiere sollen nicht vom Menschen bemessen werden. In einer Welt, die älter und vollkommener ist als die unsere, bewegen sie sich vollendet und vollkommen, besitzen sie ein Ausmaß an Sinnen, das wir verloren oder nie erlangt haben, leben sie nach Stimmen, die wir nie hören werden. Sie sind weder unsere Brüder noch unsere Untergebenen: Sie sind andere Nationen, mit uns im Netz des Lebens und der Zeit gefangen, Mitgefangene der Herrlichkeit und der Mühsale der Erde.

Dies scheint besonders auf Wale zuzutreffen. Ich sehe sie mittlerweile tatsächlich als »andere Nationen« oder auch als Meeresstämme. Für mich hat sich der Kindheitstraum, mit Walen zu schwimmen, tausendfach erfüllt, und je mehr Zeit ich mit ihnen verbringe, desto mehr berühren sie meine Seele.

Irgendwann, so hoffe ich, werden wir Wale besser verstehen, wird es zwischen unseren Nationen keine Geheimnisse mehr geben. Und vielleicht durchpflügt genau jetzt irgendwo ein Buckelwal die Tiefen des Ozeans und erzählt von seinen Jugendtagen, wie er damals als Kalb in Schwierigkeiten geriet und ein Mensch ihm geholfen hat.

KAPITEL 1

GLATT

WALE

DIE GESCHICHTE **ZWEIER WALE**

GLATTWALE
Eubalaena
LÄNGE/DURCHSCHNITT: 15 Meter
GEWICHT/DURCHSCHNITT: 70 Tonnen
IUCN-STATUS ATLANTISCHER NORDKAPER: CR
IUCN-STATUS SÜDKAPER: LC

Der Atlantische Nordkaper verließ die Cape Cod Bay im Frühjahr und machte sich auf den Weg über den Atlantik. Seine Reise dauerte fünf Monate, sie endete schließlich an einem unerwarteten Ort Tausende von Kilometern von seiner Heimat entfernt: in einem Fjord an der Küste Norwegens.

Die Wissenschaftler auf beiden Seiten des Ozeans waren verblüfft. Einen Glattwal – sowohl der Atlantische Nordkaper als auch der Südkaper gehören zur Familie der Glattwale – hatte man in Norwegen seit mindestens hundert Jahren nicht mehr gesehen. Warum war dieser hierher geschwommen?

Grundsätzlich kommt es nicht selten vor, dass Glattwale migrieren; hin und wieder wird einer, der sich eigentlich in Neuengland befinden sollte, in der Nähe Islands oder der Azoren gesichtet. Das erwähnte Tier – von den Forschern am New England Aquarium, die die Bewegungen der Atlantischen Nordkaper weltweit verfolgen, Porter genannt – schwamm schließlich nach Cape Cod zurück. Die Wissenschaftler vermuteten, es habe sich nur um eine weitere seltsame Sichtung gehandelt. Wale zeigen eine Vorliebe für das Unerwartete.

Mehrere Jahre später tauchte ein deutscher Historiker durch eine wissenschaftliche Veröffentlichung den Vorfall in ein rätselhaftes neues Licht. Genau an dem norwegischen Küstenabschnitt, wo Porter gesichtet worden war, befand sich im 15. Jahrhundert ein Walfanggebiet. Die bejagte Art: Glattwale.

Angesichts dieser Entdeckung lief es den Wissenschaftlern kalt den Rücken hinunter. Jetzt stellten sich auch neue Fragen hinsichtlich Porters Reise. War sie reiner Zufall gewesen? Hatte sie eine genetische Komponente gehabt? Oder hatte irgendein kultureller Impuls Porter dazu veranlasst, den Ozean zu überqueren, um den Ort zu besuchen, an dem seine Vorfahren gestorben waren?

Wir wissen nur eins sicher: Wir haben generell wenig Ahnung, was in der Welt der Glattwale – oder in der Welt irgendeiner anderen Familie von Walen – vor sich geht. Selbst Forscher, die ihre gesamte berufliche Laufbahn hindurch Walverhalten genauestens unter die Lupe nehmen, bekommen nur Einblicke in einen winzigen Teil des Lebens dieser Tiere.

Atlantische Nordkaper gehören zu den gefährdetsten Walarten unseres Planeten: Mittlerweile existieren nur noch etwa 400 der Tiere. Das war nicht immer so. Neuenglischen Sagen und Mythen zufolge konnten die Menschen einst die Cape Cod Bay zu Fuß überqueren – auf den schwarzen Rücken der massiven Geschöpfe. Im 18. Jahrhundert

Ein neugieriger Südkaper nähert sich dem Autor vor den neuseeländischen Aucklandinseln. Die weißen Schwielen auf seinem Kopf sind Flecken rauer Haut, die mit Seepocken und winzigen Krebstieren namens Walläusen übersät sind.

aber wurden die Glattwale, die langsam schwammen, sich nah an der Küste aufhielten und nach ihrem Tod an der Wasseroberfläche trieben, bis an den Rand des Aussterbens bejagt.

Atlantische Nordkaper sind so lang wie ein Schulbus, wiegen rund 70 Tonnen und verbringen den Winter gern in Florida, den Frühling in der Cape Cod Bay und den Sommer in der Bay of Fundy. Vermutlich wegen der Erwärmung der Meere sind sie in jüngerer Zeit jedoch gezwungen, sich ihre Nahrung in immer nördlicheren Gefilden zu suchen. So sind sie ständig in Bewegung, um an ihre Leibspeise heranzukommen: winzige, etwa reiskorngroße Krebstiere, die Ruderfußkrebse. Da es nur noch so wenige Atlantische Nordkaper gibt, konnten Wissenschaftler detaillierte Stammbäume der Tiere aufstellen und erkennen jeden einzelnen der Wale an seinem Aussehen.

Obwohl das Töten Atlantischer Nordkaper seit 1935 gesetzlich verboten ist, zerstört der Mensch ihr Leben nach wie vor. Die sich nur langsam fortpflanzenden Tiere, die obendrein an einem ausgesprochen industrialisierten Küstenabschnitt des Atlantiks leben – zwischen Florida und Kanada –, haben sich noch immer nicht von den verheerenden Folgen des Walfangs erholt.

Und das werden sie vermutlich auch nie. Ihr Lebensraum, das Meer, ist durch Chemikalien, Abwasser aus der Landwirtschaft und ohrenbetäubenden Lärm verschmutzt. Fahrrinnen, Fischernetze, Ausflugsboote – sie alle schaffen ein tödliches Raster, dem die Wale nicht ausweichen können. 85 Prozent der Atlantischen Nordkaper weisen Narben durch Kontakt mit Fischereiausrüstung auf, mehr als 50 Prozent haben sich bereits zweimal in Netzen verfangen.

Die Lebenserwartung der Tiere beträgt zwar 70 Jahre, doch kommt es selten vor, dass sie tatsächlich so alt werden. In den vergangenen zehn Jahren ist keines von ihnen eines natürlichen Todes gestorben. Manche Wissenschaftler prognostizieren, dass die Spezies innerhalb der nächsten 20 Jahre verschwunden sein wird.

Wie würde das Leben der Glattwale aussehen, wäre es nicht derart vom Menschen bedroht? Um das herauszufinden, müssen wir nur nach Süden reisen. In der ruhigeren See südlich des Äquators, fernab von Menschenmassen, Schiffen und Industrie, führen die Südkaper ein friedliches Leben. Die Forscher können über die gute Gesundheit der Spezies nur staunen: Die Tiere sind gut genährt und robust, Narben haben sie kaum.

Zu Beginn des 20. Jahrhunderts befanden sich die Atlantischen Nordkaper und die Südkaper durch jahrhundertelange Bejagung in ähnlich großen Schwierigkeiten. (Eine dritte Spezies, der Pazifische Nordkaper, stand ebenfalls kurz vor der Ausrottung.) Allerdings konnten sich die Südkaper konstant erholen, da globale Schutzmaßnahmen schon vor Dekaden griffen. Die kräftigeren und stressfreier lebenden Tiere werden älter und können leichter Junge zur Welt bringen; in einigen Gegenden wachsen ihre Populationen jedes Jahr um mehr als sieben Prozent.

Mir bricht der Kontrast zwischen den beiden nah verwandten Arten schon seit Langem das Herz. 2007 reiste ich zu den Aucklandinseln, um eine kurz zuvor entdeckte Population von Südkapern zu fotografieren. Ich unternahm die Reise mitten im Winter mehr oder weniger aufs Geratewohl: Ich hatte keine Ahnung, wie die Sichtverhältnisse im Wasser sein würden, ob ich überhaupt Wale sehen würde und, falls ja, ob diese mich an sich heranlassen würden.

Als wir uns Enderby Island näherten, konnte ich den sandigen Meeresboden rund 20 Meter unter uns ganz klar sehen, das Wasser glitzerte in der Sonne. Und plötzlich schwammen vier oder fünf Südkaper auf unser Boot zu. Sie schienen neugierig und wollten offenbar herausfinden, wer wir waren.

DIE SÜDKAPER ZEIGTEN SICH MIR GEGENÜBER NEUGIERIGER ALS JEDER ANDERE WAL, DEM ICH JE BEGEGNET BIN. ALS SIE MICH ANSTIESSEN, WAR ES, ALS HÄTTE EIN ZEMENT-BLOCK MICH ANGESTUPST … JEDES MAL, WENN ICH AUF DIESER REISE INS WASSER GING, HATTE ICH DAS GEFÜHL, FREUNDE ZU TREFFEN; ICH WUSSTE, DASS DIE WALE IMMER ZU MIR HERÜBER-SCHWIMMEN WÜRDEN.

Ich sprang ins Wasser, und die Wale schwammen ganz nah an mich heran – wahre Busse, die da auf mich zukamen! Aus der Nähe konnte ich raue Hautstellen sehen, wo sich winzige Krebstiere und Seepocken angesiedelt hatten. Anhand dieser unterschiedlichen Zeichnungen, der Schwielen oder Calli, können die Forscher verschiedene Individuen identifizieren.

Die Südkaper zeigten sich mir gegenüber neugieriger als jeder andere Wal, dem ich je begegnet bin. Als sie mich anstießen, war es, als hätte ein Zementblock mich angestupst. Doch so zutraulich sie auch waren – ich hatte schon Jahre zuvor gelernt, wilde Tiere nicht anzufassen. (Das kann zu Problemen führen, egal ob sie es mögen oder nicht.)

Jedes Mal wenn ich auf dieser Reise ins Wasser ging, hatte ich das Gefühl, Freunde zu treffen; ich wusste, dass die Wale immer zu mir herüberschwimmen würden. Ich fühlte mich wie ein kleines Kind, das es nicht abwarten kann, morgens aufzuwachen und mit dem Hund zu spielen.

Im Gegensatz zu ihren südlichen Verwandten sind Atlantische Nordkaper so gefährdet und stehen unter so strengem Schutz, dass ich nie näher als von einem Bootsdeck aus an sie herangekommen bin. Selbst wenn ich zu ihnen ins Wasser gehen könnte, bezweifle ich, dass die Tiere mich nah an sich heranlassen, geschweige denn mich umgeben würden wie treuherzige Hundewelpen. Und ich kann ihnen in ihrer Wachsamkeit nur beipflichten.

Wale hüten ihre Geheimnisse gut. Wir werden nie wissen, warum Porter an den Ort schwamm, an dem seine Artgenossen Jahrhunderte zuvor getötet worden waren. Doch angenommen, es war kein Zufall. Was, wenn er ein winziges Stückchen Wissen über diesen speziellen Flecken Ozean hätte, weitergereicht von Generation zu Generation? Vielleicht verlieren wir diese Spezies, bevor wir auch nur die Chance hatten, es herauszufinden.

GROSSE LIEBE
Ein Südkaperpaar balzt in den eisigen Gewässern der Subantarktis. Die Sichtverhältnisse an diesem Tag waren schlecht, und ich musste tief tauchen, um Zeuge dieses zärtlichen Balletts zu werden, das deshalb nur als Schattenriss zu erkennen ist.

KINDLICHER ÜBERMUT
Von einem kleinen Flugzeug aus sah ich zu, wie der Atlantische Nordkaper vor der Küste von Florida wiederholt durch die Wasseroberfläche stieß. Ich konnte die Ausgelassenheit des Jungtiers regelrecht fühlen.

MUTTERBANDE
Das Kalb eines Atlantischen Nordkapers stupst seine Mutter im nördlichen Florida mit der Schnauze an. Diese Art kämpft darum, genügend Kälber auf die Welt zu bringen, um die schwindende Population zu erhöhen.

AUS DER TIEFE
Ein Atlantischer Nordkaper durchbricht in der kanadischen Bay of Fundy die Wasseroberfläche. Da ihr Körper stämmig und mit Schwielen besetzt ist und die Augen in der Regel unter Wasser bleiben, sind die Tiere beim Auftauchen nur schwer zu erkennen.

HELDENFRÜHSTÜCK
Um sich an Ruderfußkrebsen satt zu essen, die sich im Frühjahr manchmal an der Wasseroberfläche sammeln, öffnet ein Bartenwal vor Provincetown, Massachusetts, seine Kiefer und durchkämmt das Wasser, um die winzigen Organismen mit seinen Barten herauszufiltern.

SIEGERRUNDE
Wie alle Bartenwale besitzen auch Glattwale zwei Blaslöcher, die in einem solchen Winkel zueinander stehen, dass der Blas eine auffällige V-Form annimmt.

AUGENZEUGE
Nahaufnahme eines Südkapers vor Neuseeland. Die Schwiele aus Seepocken und Walläusen über dem Auge erinnert an eine menschliche Augenbraue. Die Wale, denen ich hier begegnete, hatten davor noch nie einen Menschen gesehen und waren deshalb ausgesprochen neugierig auf mich; ich hatte das Gefühl, sie versuchten angestrengt zu verstehen, was sie sahen.

SCHÖNE NEUE WELT
Um Bilder von einem Meeressäuger machen zu können, muss das Tier den Fotografen in sein Leben lassen, und sei es nur für wenige Augenblicke. Meine Zeit mit den Walen vor den Aucklandinseln war pure Magie, so allein unter Wasser in jener abgelegenen Ecke der Welt mit diesen atemberaubenden und freundlichen Wesen.

OZEANPOESIE

Ich kniete in rund 20 Meter Tiefe und sah zu, wie dieser Wal seinen Körper elegant beinahe S-förmig bog und nur Zentimeter vom sandigen Meeresboden entfernt bewegungslos verharrte. Ein fast 14 Meter langes und 70 Tonnen schweres Tier sich mit einer solchen Anmut bewegen zu sehen, ist ein berührendes Erlebnis.

HINTER DEM BILD

Ich hatte mich zurückgebeugt, meine Schultern berührten fast den Meeresboden. Es hätte auch nur eine anspruchsvolle Yogastellung sein können, hätte ich keinen Trockenanzug getragen und mich nicht 20 Meter unter der Meeresoberfläche befunden. Meine Sauerstoffflasche knirschte auf dem Sand – und knapp einen Meter vor meiner Tauchermaske schwamm ein etwa 14 Meter langer und 70 Tonnen schwerer Südkaper.

Er stand in einem 45-Grad-Winkel zur Wassersäule und drehte seinen Körper so, dass er mich genau betrachten konnte. Ich hielt mir das Kameragehäuse vor die Augen, doch es war nicht hell genug für ein Foto: Mein Motiv füllte das Bild komplett aus und blockte das von oben einfallende Sonnenlicht vollständig ab. Mit nur einem kleinen Schwenken seiner Fluke hätte der Wal mich zerquetschen können. Doch er schwebte einfach im Wasser und sah mich an.

Während der ersten Tage meines Aufenthalts auf den neuseeländischen Aucklandinseln tauchte ich allein, da ich nicht sicher war, ob die Wale einen Taucher in ihrer Nähe dulden würden, ganz zu schweigen von gleich zwei davon. Doch vom Augenblick unserer Ankunft an hießen uns die Glattwale in ihrer Welt willkommen. Die Wissenschaftler an Bord, die mich begleiteten, glaubten, diese Wale hätten nie zuvor einen Menschen gesehen und waren vielleicht deshalb so zutraulich und neugierig.

Seit ich diese Bilder gemacht habe, denke ich oft an die Zeit zurück, wie ich da im kalten Meer mit meinen neuen Freunden umherschwamm. Und hätte ich die Bilder nicht, so würde ich das alles wohl nur für einen Traum halten.

PARTY MACHEN
Ein Forscherteam vom New England Aquarium beobachtet in der kanadischen Bay of Fundy eine Gruppe Atlantischer Nordkaper, die an der Wasseroberfläche aktiv ist. Bei diesen ungestümen Versammlungen geben die Wale vielfältige Laute von sich, die von den Wissenschaftlern wie Schüsse oder Schreie beschrieben werden.

FURUNO

ÜBERRASCHUNGSBESUCH
Die Sichtverhältnisse variierten stark auf den Aucklandinseln, und an diesem Tag, als das Wasser sehr trüb war, erkundete ich im Alleingang den Meeresboden, als mich dieser Südkaper aufschreckte. Die äußerst neugierigen Tiere näherten sich mir häufig.

IN DEN SONNENUNTERGANG
Am Ende eines langen Tages vor Grand Manan Island in der Bay of Fundy folgten wir einem Glattwal ins schwindende Licht des herbstlichen Himmels und wurden mit der Fluke vor einem grandiosen Sonnenuntergang belohnt.

KAPITEL 2

WEISS

DER KLANG **DER STILLE**

WEISSWAL
Delphinapterus leucas
LÄNGE/DURCHSCHNITT: 4–6 Meter
GEWICHT/DURCHSCHNITT: 1–1,5 Tonnen
LEBENSERWARTUNG: 35–40 Jahre
IUCN-STATUS: LC

Die Reise beginnt jeden Sommer in der Arktis. Nach einem langen, dunklen Winter in der kanadischen Baffin Bay durchschwimmen Hunderte von Weißwalen oder Belugas gemeinsam die Nordwestpassage und bahnen sich den Weg durch die treibenden Eisschollen zu einem kleinen Meeresarm vor Somerset Island. Er ist nur ein Fleckchen auf der Landkarte, weiter nördlich gelegen, als die meisten Menschen jemals kommen. Für die Weißwale aber ist Cunningham Inlet ein geradezu heiliger Ort.

Hier verbringen rund 2000 der Tiere den Sommer, hier bringen sie ihre Kälber zur Welt und hier ziehen sie sie groß. Für arktische Verhältnisse ist es an diesem geschützten Ort relativ mild; das Wasser des Flusses, der hier ins Meer mündet, ist mehrere Grad wärmer als das des Ozeans, und seicht ist es auch. Perfekt für neugeborene Wale, die noch nicht den Speck haben, den sie brauchen, um sich im kältesten der Weltmeere warmzuhalten. Beluga Beach, wie ich den Ort gern nenne, ist Urlaubsresort, Entbindungsstation und Day Spa. So etwas gibt es im Tierreich nicht noch einmal.

Im strahlend grünblauen Meer scheinen die Weißwale regelrecht zu leuchten. Sie wirbeln umher, schlagen mit der Schwanzflosse und benutzen Steine wie Luffaschwämme, um sich abgestorbene Hautschüppchen vom Körper zu rubbeln. Die grauen Kälber – die weiße Färbung nehmen sie erst später an – spielen im flachen Wasser mit Kieseln und lassen sich huckepack von ihren Müttern herumtragen. Hin und wieder kann man ein erwachsenes Tier sehen, das wie eine riesige Banane bei abnehmender Flut mit aufgestellter Fluke auf dem Bauch liegt und den Kopf aus dem Wasser streckt.

Weißwale fühlen sich am Strand offenbar ebenso pudelwohl wie Menschen. Zudem gewährt uns die idyllische Szene aber auch Einblicke in die reiche Kultur der Tiere. Sie schnattern und quasseln in Klick-, Pfeif- und Plopplauten, die zusammen ein Vokabular von mehreren Hundert Wörtern ergeben. Die Wale kennen Notrufe sowie Ortsnamen und geben sich sogar gegenseitig Namen. Eine Mutter und ihr Kalb führen relativ lang denselben Namen, bevor der junge Wal seinen eigenen Ruflaut bekommt.

Die sozialen Strukturen der Tiere sind derart eng miteinander verwoben, dass bei der Geburt eines Kalbs automatisch auch andere Weibchen anfangen Milch zu produzieren, um der Mutter beim Säugen zu helfen. Nur Stunden nach der Geburt geben die Kälber kaum hörbare Geräusche von sich und in den ersten beiden Lebensjahren »brabbeln« sie, experimentieren also mit Lauten und grundlegenden Phrasen.

Wie geisterhafte Erscheinungen wirken die Weißwale, die in den grünen, flachen Gewässern von Cunningham Inlet in der kanadischen Hocharktis spielen.

DIE BELUGAS NICKTEN MIT DEM KOPF UND VERSTÄRKTEN DADURCH DIE ECHO-ORTUNG, UM HERAUSZUFINDEN, WAS DAS FÜR EIN DING WAR. DER WAHRE SPASS BEGANN ABER ERST, NACHDEM SIE ERKANNT HATTEN, DASS DIE KAMERA NICHT GEFÄHRLICH WAR. SIE NAHMEN DEN KOMPLETTEN KAMERADOME INS MAUL, DREHTEN IHN UM UND BETRACHTETEN DANN IHR EIGENES SPIEGELBILD.

Und schließlich dehnt sich ihr stimmliches Repertoire weit über die einfachen, an die Mutter gerichteten Rufe hinaus aus.

Im Meeresarm von Cunningham Inlet lernen und wachsen die jungen Wale gemeinsam. Sie bilden das, was Wissenschaftler Kindergartengruppen nennen, 10 bis 15 Jungtiere, die miteinander spielen, von einer Handvoll erwachsener Wale beaufsichtigt werden und ununterbrochen plappern. Dabei haben die Quasselstrippen noch nicht einmal Stimmbänder: Sie erzeugen die Geräusche mithilfe von Nasalsäcken in der Nähe des Blaslochs.

Die ungeheuer charismatischen Geschöpfe sind auch für die indigenen Gemeinschaften der Arktis von kultureller Bedeutung. Mit einer Länge von vier bis sechs Metern und einem Gewicht von über einer Tonne gehören Weißwale zu den kleineren Walarten. Da sie zwischen Süß- und Salzwasser wechseln können, sind sie sowohl im Meer als auch in größeren Flüssen zu finden; ihre Nahrung umfasst neben Fischen wie Lachs und Hering auch Garnelen, Weichtiere und Würmer. Durch die fehlende Rückenflosse können sie ganz dicht unter Eis hinwegschwimmen.

Im Gegensatz zu den meisten anderen Walen besitzen Belugas einen biegsamen Hals – so können sie ihren großen Kopf drehen und damit nicken. Durch die nach oben weisenden Mundwinkel wirken sie, als ob sie lächelten. Die einzigartige Form ihrer Stirn, die ein Organ namens Melone beherbergt, dient einem wichtigen Zweck: Sie erleichtert ihnen die Echo-Ortung, die unter allen Walarten bei ihnen am besten ausgebildet ist. Die Tiere lassen verschiedene Laute vom Treibeis reflektieren und benutzen die Melone dazu, diese Lautäußerungen zu modulieren und sich dadurch zu orientieren.

Da Weißwale stark von Lauten und Schall abhängig sind, sind sie auch ausgesprochen geräuschempfindlich – und leider wird es an ihrem ruhigen Plätzchen Cunningham Inlet immer lauter. Noch vor wenigen Jahren war die Nordwestpassage ganzjährig zugefroren; heute wird sie im Sommer von Booten und Schiffen durchquert, genau zu der Zeit, wenn all die Wale dort Schutz suchen. Die Tiere sind äußerst scheu: Ein ins Wasser gesteckter Zeh reicht schon aus, um sie zu vertreiben.

Und aus genau diesem Grund bin ich in Cunningham Inlet nie gemeinsam mit Belugas geschwommen. Ich konnte sie dort nur mithilfe eines Unterwasserkamerasystems mit Fernauslöser fotografieren. So gelang es mir zu bestimmten Tageszeiten, als der Wasserstand stimmte und die Kameras die richtige Position hatten, Bilder von neugeborenen Kälbern und ihren Müttern zu machen.

Dennoch fingen auch diese Kameras die Persönlichkeit der Tiere ganz wunderbar ein. Zum einen schwimmen Weißwale häufig »verkehrt herum«. Die Wissenschaftler glauben, in dieser Stellung funktioniere die Echo-Ortung besser, vielleicht ist so auch ihr räumliches Sehen präziser. Was auch immer tatsächlich dahintersteckt: Es trägt dazu bei, dass wir Belugas als sehr neugierige, verspielte Tiere empfinden.

Außerdem schwammen die Weißwale oft ganz nah an die Kamera heran, und ich sah, wie sich dabei die Form ihrer Stirn veränderte. Sie nickten mit dem Kopf und verstärkten dadurch die Echo-Ortung, um herauszufinden, was das für ein Ding war. Der wahre Spaß begann aber erst, nachdem sie erkannt hatten, dass die Kamera nicht gefährlich war. Sie nahmen den kompletten Kameradome ins Maul, drehten ihn um und betrachteten dann ihr eigenes Spiegelbild.

An einem Tag stand ich am Fluss und sah in der Ferne ein großes Schiff. Zwei kleine Boote lösten sich von ihm und fuhren in die Bucht hinein. Um Cunningham Inlet herum gibt es normalerweise keinen Schiffsverkehr, nur hin und wieder fahren Besucher der nahe gelegenen Lodge mit dem Kajak hinaus. Diese Boote jedoch dröhnten mit ihren Außenbordmotoren heran, die in den empfindlichen Ohren der Wale wie Donnergetöse geklungen haben müssen. Innerhalb von Minuten verließen mindestens 700 Belugas fluchtartig die Bucht.

Vier oder fünf Tage vergingen, bevor sich einige der Tiere zurücktrauten. Sie hatten sich vielleicht in der Nordwestpassage oder weiter westlich aufgehalten, um sich zu beruhigen, das werden wir nie mit Sicherheit wissen. Auch andere Flussmündungen in der Nähe kommen ihren Bedürfnissen entgegen, aber dies ist nun einmal ihr bevorzugter Aufenthaltsort. Hierher kommen sie seit Jahrhunderten. Und jahrhundertelang war es hier ruhig geblieben.

Für akustisch hochsensible Tiere wie Weißwale stellt Lärm eine katastrophale Bedrohung dar. Durch ihn finden sie weniger Nahrung, er macht die Kommunikation untereinander unmöglich. Doch schmilzt die Arktis weiter, wird die Welt der Weißwale noch lauter werden: Das Bohren nach Öl und Gas sowie vermehrter Schiffsverkehr in Gegenden, die das Eis einst unzugänglich gemacht hat, erschwert es den Tieren zunehmend, die lebenswichtigen Beziehungen zueinander aufrechtzuerhalten. Die leisen Rufe, mit denen neugeborene Wale die Aufmerksamkeit ihrer Mutter erregen, gehen im wachsenden Lärm zuerst unter. Und jede Störung ist in Cunningham Inlet, wo die ersten Bindungen zwischen Walmutter und Jungtier geknüpft werden, besonders verheerend. Bei den Weißwalen sind es die Mütter, die der nächsten Generation beibringen, was sie wissen muss, und die kulturelle Schlüsselelemente weitergeben: wohin man gehen muss, wie man dorthin kommt, was essbar ist und wie man das Essbare fängt.

Wenn die Sprache der Weißwale im Lärm der Schiffsschrauben und Motoren untergeht, verlieren die Tiere ihre Kultur. Und in der Arktis bedeutet Kultur nicht nur einen Spaßtag am Strand. Dort ist sie die Voraussetzung zum Überleben. ■

SO LÄSST SICH'S LEBEN
Weißwale kommen aus der Nordwestpassage – als weiße Eislinie in der Ferne zu sehen – im Lancastersund an. Die Meerenge ist für die Tiere wie ein Sommerferienort, zu dem auch Tage im Spa dazugehören. *(Foto: Brian Skerry und Nansen Weber)*

ENTBINDUNGSSTATION
In den seichten, leicht wärmeren Gewässern dieses Lebensraums in der Flussmündung bringen die weiblichen Weißwale ihre Jungen zur Welt und ziehen sie auf. Hier kann man Tausende von Walen sehen, insbesondere viele Mutter-Kalb-Paare.

HALLO, DU DA!
Der neugeborene Weißwal, der ein bisschen an E.T. erinnert, lässt sich von seiner Mutter huckepack durchs Meer tragen. Die meisten Belugas kommen mit dunkler Hautfarbe auf die Welt und verfärben sich erst mit zunehmendem Alter weiß.

KAMERA LÄUFT!
Im nur etwa einen Meter tiefen Wasser inspizieren Weißwale neugierig meine Kamera mit Fernauslöser. Diese Tiere schwimmen oft »verkehrt herum«, möglicherweise weil sich so ihre Echo-Ortung verbessert. Erleichtert wird das noch durch die fehlende Rückenflosse.

EISIGER SPIELPLATZ
Eine Gruppe Weißwalmütter tollt mit ihren Kälbern an einem Stück Treibeis in der Nähe von Cunningham Inlet herum. Die Jungtiere müssen nach der Geburt rasch an Gewicht zunehmen; weil sie gesäugt werden, legen sie die lebensnotwendigen isolierenden Fettschichten an. *(Foto: Brian Skerry und Nansen Weber)*

BABYLIEBE
Ein neugeborenes Weißwalkalb spielt im flachen Wasser der Flussmündung, während seine Mutter es nicht aus den Augen lässt. Die Wassertemperatur im Fluss ist drei bis vier Grad höher als die im Meer – der perfekte Ort für den Beginn eines Wallebens.

DAS LEBEN IM WASSER
Dutzende von Weißwalen versammeln sich im seichten Wasser der Flussmündung, wo sie spielen und sich mit dem Körper am Kies auf dem Boden reiben. Die Steine fungieren als eine Art Peelingschwamm, mit dem sich die Tiere abgestorbene Hautschüppchen entfernen.

MEERJUNGFRAU VOM NORDPOL
Wie ein mythisches Meereswesen streckt ein weiblicher Weißwal den Kopf aus dem Wasser, während das dunkler gefärbte Kalb gleichzeitig die Fluke in die Luft reckt.

DAS STEINESPIEL
Ein ausgewachsener Weißwal hebt behutsam einen kleinen Stein vom Kiesbett auf – ein spielerisches Verhalten, das zuvor unter Wasser noch nie fotografiert wurde.

SPIELREGEL
Ähnlich wie Delfine mit Seetang spielen, so schwimmen Weißwale häufig mit einem kleinen Stein im Maul herum, den sie irgendwann fallen lassen, damit er von einem anderen Weißwal aufgehoben werden kann.

SPIELFREUDE
Einen Großteil ihrer Zeit am »Beluga Beach« scheinen die Weißwale mit dem Steinespiel zu verbringen, das ihnen offensichtlich Spaß macht.

IM FOKUS

Ich hatte schon Angst, die Weißwale würden meine Kameras mit Fernauslöser und eigens konstruiertem Unterwassergehäuse komplett ignorieren. Zum Glück war genau das Gegenteil der Fall: Die Tiere waren überaus neugierig und verhielten sich vor der Kamera häufig sogar noch übermütiger.

DAS TRIO

Im etwas tieferen Wasser weiter vor der Küste treffen sich auch die ausgewachsenen Weißwale häufig zum Spielen. Da sie den Winter in völliger Dunkelheit verbringen, scheinen sie die Sonne im Sommer regelrecht in sich aufsaugen zu wollen, zumindest sieht man sie sehr oft mit dem Kopf über Wasser.

HINTER DEM BILD

Nach jahrelanger Planung war ich endlich auf dem Weg nach Somerset Island in der kanadischen Hocharktis, um Weißwale zu fotografieren. Ihre einzigartige Kultur interessierte mich sehr, und Unterwasserfotografien von diesem Ort hatte ich nie gesehen. Ich arbeitete mit Nansen Weber zusammen, dem Spross der berühmten Polarforscherfamilie, dessen Ortskenntnis unschätzbar wertvoll für mich war. Er erklärte mir, dass das Tauchen mit Belugas hier schlicht unmöglich ist.

Nansen hatte schon Jahre zuvor mit einer teilweise fernausgelösten Kamera experimentiert und dabei gute Ergebnisse erzielt. Also bastelte ich ein ähnliches Kamerasystem, von dem ich mir einiges versprach: eines, das auch längere Zeit unter Wasser liegen konnte. So hoffte ich, Bilder von »echtem« Walverhalten, ohne die Anwesenheit des Menschen, machen zu können.

Eine der größten Herausforderungen stellte das Wasser selbst dar: Von der Oberfläche aus wirkte es zwar klar, doch meist täuschte das, da das Vermischen von Meer- und Flusswasser unten für schlechte Sichtverhältnisse sorgte. Als ich mir die Hunderte von Aufnahmen nach meinen ersten Versuchen ansah, verlor ich beinahe den Mut. Die Wale waren da, sie spielten über dem Kiesboden, doch die Bilder sahen aus, als hätte ich sie durch farblosen Wackelpudding gemacht – völlig unbrauchbar. Da hatte ich es nun endlich hierher geschafft, die Wale waren auch da, und obendrein funktionierte meine neue Kamera, wie sie sollte. Und nun schien etwas Unvorhergesehenes alles zu sabotieren.

Aber Nansen und ich weigerten uns aufzugeben. Wir studierten Ebbe und Flut sowie die Geografie des Flusses und der Bucht. Und nach zahlreichen Versuchen und Irrtümern fanden wir schließlich Stellen, an denen das Wasser gelegentlich klar war. Die Ergebnisse übersteigen meine Vorstellungen bei Weitem.

STAUB AUFWIRBELN
Zwei ausgewachsene Weißwale mit einem Kalb in der Mitte hinterlassen im flachen Wasser eine Spur aufgewirbelten Schlamms. Da die Tiere in Cunningham Inlet keine Fressfeinde haben, verbringen sie die Tage und Nächte hier relativ sorgenfrei. *(Foto: Brian Skerry und Nansen Weber)*

KAPITEL 3

SCHWE

JÄGER **MIT HERZ**

SCHWERTWAL
Orcinus orca
LÄNGE/DURCHSCHNITT: 7–10 Meter
GEWICHT/DURCHSCHNITT: Bis 6 Tonnen
LEBENSERWARTUNG: 50–80 Jahre
IUCN-STATUS: DD

Schwertwale sind hinsichtlich der Jagd zu beinahe allem fähig. Sie können mit einem Schlag ihrer Schwanzflosse einen Hai töten. Sie fressen Seevögel und Meeresschildkröten, schnappen sich Seelöwen, die sich gerade an Land aufhalten, und können sogar andere Wale erlegen.

Die größte aller Delfinarten kommt in jedem Ozean der Welt vor. Schwertwale können 50 bis 80 Jahre alt werden und bis zu sechs Tonnen wiegen; ihre Zähne sind mitunter bis zu zehn Zentimeter lang. Die Tiere leben in Schulen mit rund 40 Individuen zusammen, manche bleiben fast ihr ganzes Leben lang an einem Ort, andere wandern und durchstreifen die Meere wie ein umherziehendes Wolfsrudel. Ortstreue Populationen neigen dazu, Fisch zu fressen, während es die Nomaden eher auf andere Meeressäuger abgesehen haben. Alle Schwertwale bedienen sich des Schalls und der Echo-Ortung: Sie spüren Beute auf, indem sie hochfrequente Schallwellen aussenden und sich nach deren Echo orientieren.

Man bezeichnet Schwertwale oder Orcas als Killerwale, da sie zu den mächtigsten Beutegreifern der Welt gehören. Doch wie sie dabei zu Werke gehen, zeigt eine überraschende Finesse und Flexibilität. Je nachdem wo sie leben, bevorzugen sie unterschiedliche Nahrung. In Argentinien pflückt sich eine bestimmte Schwertwalschule Seelöwen direkt vom Strand. In Neuseeland jagen die Wale vor allem Stachelrochen, die sie auf den Rücken drehen, bevor sie ihnen die Leber herausreißen. In der Antarktis schwimmen die Schwertwale nebeneinander her, um eine Druckwelle zu erzeugen, die Robben vom Treibeis schleudert. Und in Mexiko machen Orcas Jagd auf Grauwalkälber, die sich auf ihrer ersten Wanderung die Pazifikküste hinauf nach Alaska befinden.

Es geht also nicht nur darum, dass Schwertwale bei der Auswahl ihrer Nahrung klug vorgehen – sie ist sowohl schmackhaft als auch reichlich vorhanden –, es geht auch darum, wie sie sich die Nahrung beschaffen und diese Taktiken von Generation zu Generation weitergeben. Eine kleine Schwertwalgruppe in der Nähe der Falklandinseln etwa hat sich etwas Schlaues ausgedacht, um an See-Elefantenjunge heranzukommen: Ein älteres Weibchen der Gruppe schwimmt durch einen schmalen Kanal in ein flaches Meeresbecken, in dem die Jungtiere spielen. Es nähert sich ihnen seitwärts, sodass die Rückenflosse nicht erkennbar ist und der Wal somit unsichtbar bleibt. Dann schnappt sich das Weibchen ein Jungtier und schleppt es ins tiefere Wasser, wo der Rest ihrer Gruppe bereits wartet.

Zufallsbegegnung mit einer Schule Schwertwale in der östlichen Karibik.

Eine Stunde lang spielt das Schwertwalweibchen mit dem jungen See-Elefanten, der schließlich stirbt; dabei bringt es seiner Familie bei, wie die Beute gegriffen und weggeschleppt werden kann. Eine Tortur für das Junge (und die Menschen, die zufällig zusehen), aber überlebensnotwendiges Wissen für die heranwachsenden Orcas. So lernen sie, wie man lebendige Beute fängt. Und soweit wir wissen, sind die Falklandinseln der einzige Ort auf Erden, an dem Schwertwale dieser Jagdtechnik nachgehen, und zwar seit Jahrzehnten.

Interessanter noch ist, dass die Tiere ihr Verhalten ändern, falls dies nötig ist – oder sich bessere Optionen bieten. Die Schwertwale in der norwegischen Arktis arbeiten seit Langem kooperativ zusammen, indem sie ihren weißen Bauch aufblitzen lassen, um Heringe zu erschrecken und zu einem dichten Köderballen zusammenzudrängen; anschließend schlagen sie mit der Fluke auf den Köderballen ein, um sich einzelne Fische daraus einzuverleiben. Auch das findet schon seit Jahrzehnten so statt. Seit Kurzem jedoch scheinen dieselben Schwertwale Essen zum Mitnehmen zu bevorzugen. Sie halten sich jetzt in der Nähe von Fischerbooten auf, die tonnenweise Heringe gefangen haben. Und wenn die Netze von Fischen überquellen, sind die Orcas zur Stelle und genießen das Gratismittagessen.

Von einem Schwertwal bemerkt zu werden, ist ein außergewöhnliches und nervenaufreibendes Erlebnis. Er gehört zwar nicht zu den größten Walen, ist mit neun Meter Länge aber etwa zweieinhalb Meter breit – und allein diese Masse, verbunden mit der Geschwindigkeit des Tiers, lässt bei einem Taucher alle Alarmglocken schrillen. Orcas bewegen sich ständig, unentwegt geben sie in einzigartigen Dialekten ihre Klicklaute von sich, immer sind sie auf der Hut. Ihren dunklen Augen entgeht nichts. Nähern sie sich mir, um mich unter die Lupe zu nehmen, ist es, als würde ich von einem Supercomputer gescannt. Sie scheinen zu wissen, was ich denke und fühle oder was ich zum Abendessen hatte.

In Norwegen schwamm ich mit Orcas, die in der Hoffnung auf einen Heringssnack ihrerseits Fischerbooten hinterherschwammen. Beim Freitauchen in sechs Meter Tiefe, umgeben von grünem, trübem Wasser, konnte ich die Wale unter mir sehen, wie sie das Netz umkreisten, aus dem hin und wieder Fische schlüpften. Sie schienen mich für interessant, aber harmlos zu halten, für einen altersschwachen Seelöwen oder so etwas.

Als ich jedoch eine Stunde später mit einer Sauerstoffflasche zurückkehrte, änderte sich die Stimmung sofort. Plötzlich war ich ein Konkurrent, nur wenige Meter entfernt von den Fischen, die die Wale fressen wollten. Ich stellte die Kamera auf einen Hering vor mir scharf, der aus dem Netz entkommen war. Einer der Wale schwamm zu mir herüber und gab mir durch Blick, Haltung und Körpersprache deutlich zu verstehen: »Das ist mein Fisch, Hände weg.«

Schwertwale scheinen auch anderweitig nicht schwer von Begriff zu sein. In den letzten Jahren sind sie immer weiter in die Arktis vorgedrungen, wo das Eis schmilzt und sich neue Durchgänge öffnen. Und wohin sie auch gehen, sie nehmen ihre Kunstfertigkeit mit. Mittlerweile sind sie nicht nur Rivalen von Eisbären – lange Zeit die Spitzenräuber der Region – sie sind auch schon beim Töten von Narwalen und Belugas beobachtet worden.

Wissenschaftlern zufolge wagen sich die Tiere inzwischen weiter nördlich als jemals zuvor. Wie sind sie zu dieser Entscheidung gelangt? War es Neugier, eine zufällige Entdeckung oder irgendein anderes Gespür, das ihnen sagte, wohin sie gehen sollten? Wie wird sich ihre Anwesenheit auf das fein gesponnene Netz des Lebens in der sich wandelnden Arktis auswirken? Auf diese Fragen gibt es bislang noch keine Antworten.

VON EINEM SCHWERTWAL BEMERKT ZU WERDEN, IST EIN AUSSERGEWÖHNLICHES UND NERVENAUFREIBENDES ERLEBNIS. ER GEHÖRT ZWAR NICHT ZU DEN GRÖSSTEN WALEN, IST MIT NEUN METER LÄNGE ABER ETWA ZWEIEINHALB METER BREIT – UND ALLEIN DIESE MASSE, VERBUNDEN MIT DER GESCHWINDIGKEIT DES TIERS, LÄSST BEI EINEM TAUCHER ALLE ALARMGLOCKEN SCHRILLEN. ORCAS BEWEGEN SICH STÄNDIG, ... SIND IMMER AUF DER HUT. IHREN DUNKLEN AUGEN ENTGEHT NICHTS.

Klugheit und Unerschrockenheit schützen die Tiere jedoch nicht vor den Gefahren des industrialisierten Meeres. Wie andere Wale verfangen auch sie sich in Schleppnetzen, und der Lärm der Schiffe beeinträchtigt auch ihre Kommunikation, Nahrungssuche und Orientierungsfähigkeit. Giftstoffe wie Quecksilber sammeln sich in ihrem Gewebe an und gelangen schließlich in die Muttermilch. Die Sterblichkeit unter Schwertwalkälbern ist erschreckend hoch, weil oft schon die ersten Tropfen, mit denen die Neugeborenen von der Mutter gesäugt werden, giftig sind.

Zwischen Orcamüttern und ihren Jungen existiert ein ähnlich starkes Band wie zwischen Menschenmüttern und ihren Kindern. Die Tragezeit bei Schwertwalen beträgt 15 bis 18 Monate, die längste aller Walarten, und die Kälber werden zwei Jahre lang von der Mutter gesäugt. Letztere verteidigt den Nachwuchs nicht nur mit allen Mitteln, sie zeigt ihm gegenüber auch einen erstaunlichen Grad an Empathie.

Ich habe einmal gesehen, wie eine Schwertwalmutter die eisigen Gewässer der norwegischen Arktis mit ihrem toten Kalb auf dem Kopf durchschwamm. Wissenschaftler glaubten, das Kalb sei an Giftstoffen in der Muttermilch gestorben. Die Walmutter war von einem Dutzend Artgenossen umgeben. Ich versuchte stundenlang, näher an sie heranzukommen, aber sie wollten meine Gesellschaft nicht.

Wie andere Schwertwale, so war auch sie eine gerissene Jägerin mit ausgeprägten Instinkten. Doch als ich sah, wie sie ihr totes Kalb mit sich trug, stundenlang und offensichtlich in einer Art Leichenprozession, musste ich daran denken, dass die Beziehungen dieser Tiere zueinander beinahe so komplex sind wie die unseren. Bei diesem Anblick an einen kaltblütigen Hochseekiller zu denken, schien unangemessen: In diesem Augenblick war der Wal eine Mutter, die um den Verlust ihres Babys trauerte und es nicht gehen lassen wollte.

IN IHREM ELEMENT
In den letzten Tagen mit Sonnenlicht, bevor die Polarnacht die norwegische Arktis in Dunkelheit taucht, suchen Schwertwale nach Heringen, die im Herbst und Winter hierher ziehen.

INS BLAUE
Ein Schwertwalkalb schwimmt in Norwegen vor zwei ausgewachsenen Orcas her durch ein Meer aus Fischschuppen. Die Schuppen hatten sich nach der Nahrungsaufnahme der Tiere in der Wassersäule angesammelt.

IN MEMORIAM
An einem kalten und trostlosen Novembertag sah ich eine Schule Schwertwale einen norwegischen Fjord durchschwimmen, wobei eines der erwachsenen Tiere ein totes Kalb auf dem Kopf trug. Es war schwierig, näher an die Gruppe heranzukommen und ich wollte nicht stören, doch konnte ich zumindest ein Foto von der Trauerprozession machen.

RUHE IN FRIEDEN

Die Mutter mit ihrem toten Kalb. Ich hätte ihr gegenüber gern mein tiefstes Beileid zum Ausdruck gebracht.

KOSTENLOSES MITTAGESSEN
Ursprünglich kamen die Schwertwale in die norwegische Arktis, um Heringe zu jagen. Dazu bedienen sie sich einer äußerst kreativen Jagdstrategie, bei der sie zusammenarbeiten und die Fische unter Wasser einkreisen und zusammendrängen. Mittlerweile wählen die Wale jedoch häufiger den einfacheren Weg: Sie versammeln sich in der Nähe kommerzieller Fischerboote und fressen die Heringe, die aus den Netzen fallen.

FAST FOOD
In den dunklen und eisigen Gewässern der norwegischen Arktis schwimmt ein Schwertwal heran, um einen Hering zu fressen, der aus einem Fischernetz entwischt ist. Diese Art der Nahrungsbeschaffung erfordert weit weniger Energie als die übliche »Karussell«-Jagdmethode der Orcas.

TEAMWORK

Eine Gruppe Schwertwale arbeitet kooperativ zusammen, um Heringe in der norwegischen Arktis zu einem Köderballen zusammenzudrängen. Dabei koordinieren sich die Wale durch Kommunikation. Sie umzingeln die Beute, erschrecken sie, indem sie ihre weiße Unterseite aufleuchten lassen, und treiben sie eng aneinander. Dann betäuben sie die Fische mit einem Schlag ihrer Fluke und fressen sie schließlich, einen nach dem anderen.

HINTER DEM BILD

Ich litt an Jetlag und Schlafmangel, als ich nach monatelanger Feldforschung in Neuseeland ankam. Doch die Aussicht zu tauchen und nach Schwertwalen zu suchen, lud meinen Akku im Nu wieder auf – ich war ganz wild darauf, endlich loszulegen. Und so fuhr ich gemeinsam mit Dr. Ingrid Visser los, einer Orcaforscherin, die ihr Leben dem Studium und dem Schutz dieser Spezies widmet.

Wir wurden vor der Küste bald fündig und beobachteten eine Gruppe Schwertwale, die sich in Richtung Land bewegte. Ingrid wollte den Kameramann Kina Scollay und mich perfekt positioniert ein gutes Stück vor den Walen haben. Als ich vom Boot glitt, kam ein großes Schwertwalweibchen mit einem Stachelrochen im Maul auf mich zu. Es sah mich an, ließ den Rochen fallen und beobachtete dann, wie dieser langsam auf den Meeresboden sank.

Ich schwamm zum Rochen hinunter, in der Hoffnung, das Walweibchen würde zurückkommen. Und tatsächlich: Als ich über die Schulter blickte, näherte es sich gerade wieder. Im relativ flachen Wasser wirkte es riesig, und zwischen uns lag der tote Stachelrochen. Das Tier ließ sich einen Augenblick auf der Stelle treiben, als wollte es sagen: »Also, isst du das jetzt? Ansonsten würde ich nämlich ...«

Vorsichtig schwamm es näher an den Rochen heran und nahm ihn sanft ins Maul. Dann hob es den Kopf und schien innezuhalten und über mich nachzudenken. Hinter dem Weibchen näherte sich ein zweiter Schwertwal. Ganz langsam drehte es sich um, um zu seinem Artgenossen zurückzuschwimmen und die Nahrung zu teilen. Und gemeinsam verschwanden sie im grünen Meer.

GANZ NAH DRAN UND MITTENDRIN
In den Gewässern vor Neuseelands Nordinsel filmt Kameramann Kina Scollay eine Gruppe Schwertwale, die auf der Suche nach Stachelrochen Richtung Küste schwimmt.

DIE GRUNDLAGEN LERNEN
Bei den Falklandinseln haben sich zwei Schwertwalfamilien auf die Jagd nach See-Elefantenjungen spezialisiert. Die Matriarchin der Familie schnappt sich ein Jungtier in dem geschützten, flacheren Meeresbecken, wo die gerade entwöhnten Jungen spielen, und bringt es den anderen Mitgliedern der Walfamilie, um ihnen zu zeigen, wie man jagt.

JAGDUNTERRICHT
Bei Punta Norte auf der Halbinsel Valdés in Argentinien (Patagonien) haben einige wenige Schwertwale eine einzigartige Jagdstrategie entwickelt: Sie greifen Mähnenrobben direkt am Strand an. Wie alle Taktiken der Wale, so ist auch diese ein erlerntes Verhalten, das den Kälbern von ihren Müttern beigebracht wird.

OZEANZAUBER
In der Karibik traf ich einmal unerwartet auf eine Schule Schwertwale; sie in diesem kristallklaren, blauen Wasser zu sehen, erfüllte mich mit Ehrfurcht. Orcas sind die wohl intelligentesten Tiere im Meer, und in ihrer Gegenwart werden ihre schier grenzenlosen Fähigkeiten offensichtlich.

KAPITEL 4

POTT

VERBORGENE **TIEFEN**

POTTWAL
Physeter macrocephalus
LÄNGE/DURCHSCHNITT: 15–18 Meter
GEWICHT/DURCHSCHNITT: 35–45 Tonnen
LEBENSERWARTUNG: Bis 60 Jahre
IUCN-STATUS: VU

Der Name der Neugeborenen war Digit. Jahrelang hatte sich ihre Schule von nur drei Pottwalen darum bemüht, ein weibliches Kalb hervorzubringen. Die kleine Gruppe vor der Leeseite der karibischen Insel Dominica war einst Teil eines größeren Verbandes, aber in letzter Zeit waren ihre Kälber alle männlich und vom Pech verfolgt gewesen: Sie alle hatten sich in Fischereiausrüstung verfangen oder Unfälle mit Booten gehabt. Ohne ein weibliches Jungtier würden Weisheit und einzigartige Verhaltensweisen der kleinen Schule endgültig verschwinden. Digit war die Zukunft ihrer Familie.

Bei den Pottwalen waren es immer schon die Mütter und Großmütter, die die Kultur der Spezies bewahrten. Sie führen, lehren und nähren und knüpfen jahrzehntelange Familienbande. Zudem bereiten sie die nächste Generation darauf vor, spezifische Traditionen fortzuführen, denn obwohl alle Pottwale fressen, schwimmen, babysitten, einander verteidigen, Gemeinschaften bilden und kommunizieren, so variiert die Erfüllung dieser Aufgaben doch von Clan zu Clan. Das verbindende Element aber sind immer die Weibchen.

In ihren ersten Lebensjahren gedieh die junge Digit. Mithilfe der Milch ihrer Mutter wurde sie groß und stark, sie lernte sich in ihrer Umgebung zurechtzufinden, sie stellte ihre Schwanzflosse auf, um in der Tiefe des Ozeans nach Tintenfischen zu jagen.

Doch dann: das Verhängnis. Als Digit etwa vier Jahre alt war, verhedderte sie sich in einer langen Fischerleine, die an einer großen, schweren Boje befestigt war. Drei Jahre lang schleppte sie die hinter sich her und war so weder fähig zu tauchen noch nach Nahrung zu suchen. Ein einheimischer Taucher versuchte, ihr zu helfen und die Leine zu kappen, wickelte sie dabei aber nur noch fester um die Fluke. Die Geschichte, die voller Hoffnung begonnen hatte, entwickelte sich zur Tragödie. Die Pottwalpopulation der östlichen Karibik geht jedes Jahr um vier Prozent zurück, und so sahen die Wissenschaftler, die sich mit den Tieren beschäftigten, dem traurigen Schauspiel hilflos und mit wachsender Verzweiflung zu.

Schon bald allerdings wich die Verzweiflung purem Erstaunen: Die erweiterte Familie kehrte zu ihren Verwandten zurück und schloss die Reihen um das verletzte Jungtier. Jedes Mal, wenn sich ein Boot näherte, bildeten die Wale einen Kreis um Digit, um sie zu beschützen. Sie war schon längst kein Säugling mehr, begann aber, als die anderen Wale zurückkehrten, wieder damit, an der Seite ihrer Mutter flach zu tauchen, vermutlich um sich füttern zu lassen. Und dazwischen leisteten ihr die anderen Weibchen der Gruppe Gesellschaft.

Und plötzlich – niemand weiß genau, wie es geschah – war die Netzleine um Digits Schwanzflosse herum verschwunden. Sie hatte Narben hinterlassen, doch nun schwamm Digit frei

Drei Pottwale pflegen in den Gewässern vor Dominica in der östlichen Karibischen See ihre sozialen Kontakte.

und mit offenkundiger Freude gemeinsam mit ihrer Familie umher. Wie hatte sie sich befreien können? Indem die vielen fürsorglichen Verwandten unermüdlich an dem Knoten zogen und knabberten? Hatten sie die Leine gar absichtlich durchgebissen? Das wissen nur die Wale.

Da ich in Massachusetts aufgewachsen bin, musste ich nicht lang suchen, um Pottwale als Ungeheuer der Meere dargestellt zu sehen. Die ganze neuenglische Küste entlang – von New Bedford über Fall River bis zu Nantucket – gibt es Gemälde von Pottwalen, die mit weit aufgerissenem Maul in den Schiffsrumpf von Walfängern krachen und Seeleute ins Wasser katapultieren. Herman Melvilles grauenvolle Geschichte von Moby-Dick ist vielleicht die berühmteste dieser Darstellungen.

Möglicherweise wird ein Pottwal gewalttätig, wenn eine Harpune in seiner Flanke steckt. Meine Begegnungen mit den Tieren waren jedoch immer alles andere als brutal. Pottwale sind sanft, neugierig und intelligent. Sie erkunden gern alles Neue und alle Unbekannten, das und die in ihre Gewässer vordringen. Manchmal spielen sie Verstecken mit Forschungsschiffen; sie umkreisen die Fahrzeuge und rollen sich auf die Seite, um sich die Wissenschaftler an Bord genauer anzusehen. Ihre Ausdruckskraft unterscheidet sich kaum von der unseren.

Pottwale sind die größte Zahnwalart auf unserem Planeten. Sie können bis zu 18 Meter lang und zwischen 35 und 45 Tonnen schwer werden. Sie brauchen täglich rund eine Tonne Nahrung und tauchen annähernd 900 Meter tief, um nach Tintenfischen zu jagen. Außerdem besitzen sie das größte Gehirn aller der Wissenschaft bekannten Tiere, inklusive der bereits ausgestorbenen.

Die Riesengehirne sorgen für ein erstaunliches kommunikatives Geschick. Treffen zwei Pottwale aufeinander, tun sie, was auch wir tun: Sie stellen sich vor. Mit einem Muster bestimmter Klicklaute, das Coda genannt wird, begrüßen sie einander im Dialekt, als wollten sie sagen: »Meine Heimat ist Dominica« oder: »Ich komme von den Galapagosinseln«. Diese Coda, die junge Wale über Jahre hinweg perfektionieren, ist gewissermaßen der Pass der Tiere und Ausdruck ihres Zugehörigkeitsgefühls. Ergibt der Austausch, dass die beiden Wale aus verschiedenen Gegenden stammen, schwimmen sie getrennte Wege. Sie sind genetisch zwar kompatibel und könnten sich paaren, bevorzugen es aber – wie die Iren oder Italiener im 19. Jahrhundert in New York City – »unter sich«, also bei ihren jeweiligen Clans zu bleiben.

Die Wissenschaft findet gerade erst heraus, wie die Kommunikation der Pottwale funktioniert. Mithilfe künstlicher Intelligenz und akustischer Sensoren arbeitet ein Team von Biologen, Militär-Kryptologen und anderen Forschern derzeit intensiv daran, die Sprache der Pottwale zu entziffern – und mit ihnen zu sprechen.

Die Möglichkeiten, die dies eröffnen würde, sind verlockend: Pottwale bevölkern die Ozeane der ganzen Welt, und das schon länger als der Mensch aufrecht gehen kann. Was könnten wir nicht alles von ihnen lernen! Was könnten sie uns nicht alles über die Mysterien der Tiefsee erzählen, über ihre Unterwasserberge und -schluchten, über die Beute, die sie jagen! Was wissen die Tiere über den sich wandelnden Planeten, die veränderlichen Geschicke des Meeres? Vor 200 Jahren haben wir Pottwale bejagt und unsere Lampen mit ihrem Öl angezündet. Heute geben wir zig Millionen aus, um ihre Sprache zu erlernen.

Um das komplexe Gebilde ihres Lebens anerkennen zu können, müssen wir jedoch gar nicht tiefer in ihre Kommunikation eintauchen. Die Tiere verbringen einen Großteil ihrer Zeit in den dunklen, kalten Tiefen des Meeres, wo sie nach Nahrung suchen, ein Dutzend Wale in einem Familienverband, der sich über Unmengen von Hektar Wasser verteilt. Und während die Mutterwale unten jagen, passen die Tanten oder Großmütter oben auf ihre Kälber auf.

TREFFEN ZWEI POTTWALE AUFEINANDER, TUN SIE, WAS AUCH WIR TUN: SIE STELLEN SICH VOR. MIT EINEM MUSTER BESTIMMTER KLICKLAUTE, DAS CODA GENANNT WIRD, BEGRÜSSEN SIE EINANDER IM DIALEKT, ALS WOLLTEN SIE SAGEN: »MEINE HEIMAT IST DOMINICA« ODER: »ICH KOMME VON DEN GALAPAGOSINSELN«. DIESE CODA IST GEWISSERMASSEN DER PASS DER TIERE UND AUSDRUCK IHRES ZUGEHÖRIGKEITSGEFÜHLS.

Einmal am Tag gibt es einen Augenblick, in dem die Suche nach Nahrung zum Stillstand kommt. Dann versammeln sich alle Mitglieder der Schule – drei, vier, bis zu einem Dutzend Tiere – in seichterem Wasser und nehmen Kontakt zueinander auf. Dieses Wasserballett kann Stunden dauern. Die Wale reiben sich aneinander, fahren mit den Zähnen über Fluke oder Rücken der anderen, lassen sich treiben und reden miteinander – immerzu reden sie, klick-klick-klick geht das Walgeplauder. Dieses Verhalten ist für mich umso erstaunlicher, weil die Tiere ansonsten kaum Gebrauch von ihrem Tastsinn machen. Sie ruhen sich nicht auf dem Meeresboden oder in der Nähe eines Strands aus; auch Steine, an denen sie sich reiben könnten, gibt es nicht. In 900 Meter Tiefe treffen sie auf nichts als dreidimensionale Dunkelheit. Doch wenn sie sich versammeln, begrüßen sie einander mit zärtlicher Berührung.

In dem Jahr, nachdem Digit sich befreit hatte, kam in ihrer Familie erneut ein Kalb zur Welt. Es war wieder ein Weibchen. Ich begleitete es einmal fast zwei Stunden lang, als es in den Golftangen herumtollte und auf der Braunalge herumkaute, wie Babys auf Spielzeug herumkauen. Das Kalb hatte keine Angst vor mir, es rollte sich mit offenem Maul herum und stellte sich auf den Kopf, sodass die Fluke senkrecht in der Wassersäule stand. Dieses Kalb schien mir wie ein verspieltes Kleinkind, das seiner Neugier folgt.

Erreicht dieses Jungtier das Erwachsenenalter, wird es die Schlüssel zum Überleben in diesen Gewässern besitzen. Und die wird es auch brauchen: Sein Ozean verändert sich, die Zukunft seiner Art ist ungewiss. Doch an unserem gemeinsamen Tag – die Mutter des Kalbs war in der Nähe, ließ es aber ungestört spielen – schien das Junge sorglos.

Die Wissenschaftler, die Pottwale in der östlichen Karibik studieren, geben jedem der Tiere einen Namen. Ich schlug einen für Digits Schwester vor, der nach meinem Gefühl passte und den auch die Forscher mochten. Wir beschlossen, sie Hope zu nennen. ■

DIE ZUKUNFT EINER FAMILIE
Ein etwa sechs Monate altes Pottwalkalb spielt in den Golftangen vor der Insel Dominica. Als Teil einer Familie, die zur Führung dringend neue Generationen von weiblichen Tieren benötigte, stand es für die Hoffnung, und so gab ich ihm diesen Namen: Hope.

ZÄRTLICHE AUGENBLICKE
Hope, das Pottwalkalb, das wir 2019 entdeckten, trinkt bei der Mutter. Nachdem ich die Aufnahme gemacht hatte, zeigte ich sie dem Pottwalforscher Shane Gero. »Die Walexperten sagen immer: Eines Tages werden wir alles über Wale wissen – nur nicht wie ein Pottwalkalb trinkt«, kommentierte er das Bild. »Jetzt wissen wir's!«

MATRILINEARE FÜHRUNG
Eine Pottwalfamilie unweit der Insel Dominica. Die Verbände werden von älteren, erfahreneren Weibchen angeführt, die die Entscheidungen für die Gruppe treffen.

IM HERZEN DES MEERES
Hope, das Pottwalkalb, schwimmt in den Gewässern vor Dominica direkt unter ihrer Mutter. Sie ist zwar erst sechs Monate alt, scheint aber schon Narben aufzuweisen, die auf das Verfangen in Fischernetzen schließen lassen – eine ernsthafte Gefahr für Wale.

291
BALAENA

FELDFORSCHUNG
Auf dem Segelboot »Balaena«, das Dr. Hal Whitehead gehört, wird vor der Küste von Dominica Pottwalforschung betrieben. Die Tiere verbringen den Großteil ihres Lebens in der Tiefsee und kommen nur für kurze Zeitspannen an die Wasseroberfläche. So bleibt das Datensammeln eine Herausforderung – nicht nur aufgrund dieses spezifischen Walverhaltens, sondern auch wegen oft schwieriger Wetterbedingungen.

OZEANSZENEN

Ein Pottwalweibchen (links) ruht sich nach einer Mahlzeit – die Tintenfischtentakel hängen ihm noch aus dem Maul – direkt unter der Wasseroberfläche aus. Ein anderes Pottwalweibchen (rechts) schwimmt mit offenem Maul heran.

BABYSITTER
Ein erwachsener Pottwal, von den Forschern Laius getauft, kümmert sich um ein Kalb namens Jonah, dessen Mutter in der Tiefsee nach Tintenfischen jagt. Manche Pottwalfamilien ernennen einen engagierten Babysitter, andere wechseln sich mit dieser Aufgabe ab. In wieder anderen gibt es sogar Ammen.

WELLNESS FÜR WALE
Ein adultes Pottwalweibchen spielt vor Dominica in den Golftangen, einer Braunalgenart. In der Zeit, die wir mit diesem Familienverband verbracht haben, konnten wir nur diese Walmutter und ihre Kälber bei diesem Verhalten beobachten. Einer Theorie zufolge hat das Walweibchen entdeckt, dass die Pflanze wie ein Peelingschwamm auf der Haut wirkt.

HINTER DEM BILD

Vor Sri Lanka wirkt alles, was sich unter Wasser befindet, größer: Das Meer fühlt sich riesig an, und auch Pottwalfamilien sind mindestens dreimal so groß wie an anderen Orten, an denen ich sie fotografiert habe. Einem ausgewachsenen Pottwalmännchen in diesen Gewässern zu begegnen ist selten, da die meisten Familien aus Weibchen und jugendlichen Männchen bestehen. Und doch bin ich hier einmal einem Wal begegnet, der das Zeug zur Legende hatte.

Bei einem meiner Tauchgänge hörte ich plötzlich das typische »klirrende« Geräusch eines Pottwals. Es wird von Männchen hervorgebracht, die damit ihre Anwesenheit signalisieren und eine Partnerin anlocken wollen. Das Klirren war klar und laut, der Wal musste sich also in unmittelbarer Nähe befinden – doch sehen konnte ich ihn nicht.

Im Laufe der folgenden Tage dehnten wir unser Erkundungsgebiet über unsere üblichen Regionen hinaus aus, und auf einmal sah ich Zeus (diesen Namen hatte ich dem Wal gegeben). Als ich unter Wasser den ersten Blick auf ihn warf, raubte es mir beinahe den Atem: Er war massig, mindestens 14 Meter lang, hatte eine enorme, kräftige Schwanzflosse und näherte sich der Wasseroberfläche.

Plötzlich machte Zeus kehrt und steuerte auf mich zu; alles, was ich aus dieser Entfernung sehen konnte, war eine weiße Wand. Als er näherkam, wurde die Vorderseite seines Kopfs sichtbar, die flache Stirn, die Narben, die fast weiße Haut. Er wendete leicht und schwamm einige Meter von mir entfernt vorüber, wir hatten Blickkontakt. Sein Blick vermittelte Stärke und Kraft und vielleicht auch etwas Verärgerung, dass ich in sein Revier eingedrungen war. Ebenso konnte ich aber auch Weisheit und Toleranz spüren. Sein Rumpf war von Narben übersät, und das Tier besaß eine Aura, die ich so bei keinem anderen Wal je wahrgenommen habe.

Hin und wieder stelle ich mir Zeus in der Tiefe des Meeres vor und denke darüber nach, welche Geschichten er wohl erzählen könnte.

ENDLICH FREI!
Digit, der weibliche Pottwal, pflegt engen Kontakt mit ihrer Familie. Das Narbengewebe an ihrer Fluke zeugt von dem Netz, in dem sie sich einst verfangen und das sie beinahe das Leben gekostet hatte.

VERZÜCKUNG IN DER TIEFSEE
Als Digit mit Mitgliedern ihrer Familie herumtollt, hallt das Meer von ihren Codas, ihrem speziellen Dialekt, wider. Zeuge davon zu werden, wie viel Freude den Tieren die Gesellschaft ihrer Artgenossen bereitet, ist ein Privileg. Was sie wohl gerade sagten, als ich die Aufnahme gemacht habe? Ich denke, sie haben ihre gegenseitige Liebe zum Ausdruck gebracht.

SANFTE RIESEN
Pottwale wurden häufig als Ungeheuer der Meere dargestellt – und sind doch alles andere als das. Sie besitzen das größte Gehirn aller Lebewesen der Erde und leben in komplexen Gesellschaften zusammen, in denen Identität, Familie und Empathie von Bedeutung sind.

KAPITEL 5

BUCKE

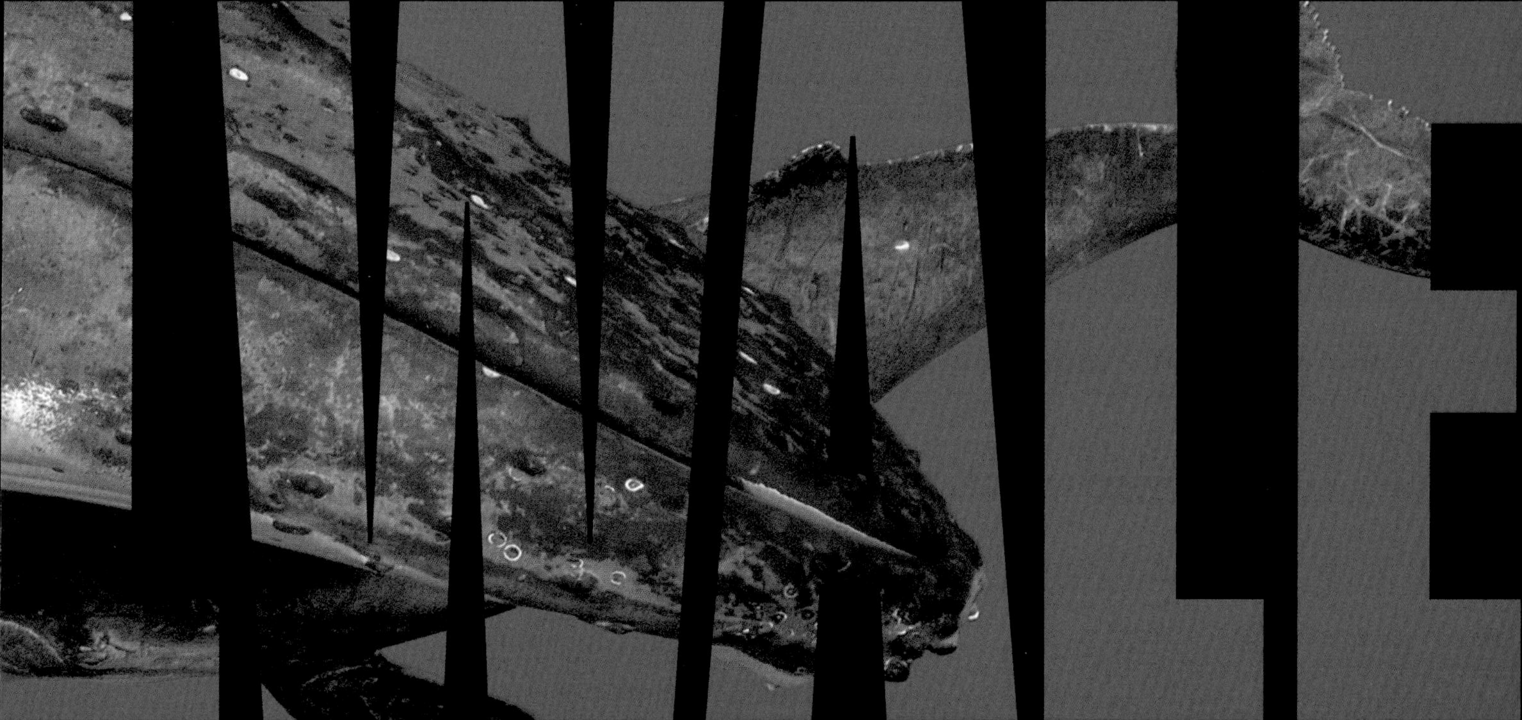

GESÄNGE DES MEERES

BUCKELWAL
Megaptera novaeangliae
LÄNGE/DURCHSCHNITT: 16,5–19 Meter
GEWICHT/DURCHSCHNITT: 40 Tonnen
LEBENSERWARTUNG: Bis 80 Jahre
IUCN-STATUS: LC

Erst im modernen Zeitalter fand der Mensch heraus, wie man über Tausende von Seemeilen Ozean hinweg kommunizieren kann. Buckelwale praktizierten das da durch ihre magischen Gesänge vermutlich schon seit einer halben Ewigkeit.

Noch überraschender ist, dass die Tiere dabei regelrechte Sängerwettstreite auszutragen scheinen. Jedes Jahr küren die männlichen Buckelwale im Pazifik gewissermaßen ein Siegerlied, nachdem sie verschiedene Melodien – Abfolgen von Seufzern, Heultönen, Rufen und anderen Lautäußerungen – ausprobiert haben. Und dieses Lied wird sich schließlich über das gesamte Pazifische Becken hinweg verbreiten. Eine Gruppe singender Wale nach der anderen, die damit Weibchen anlocken oder Rivalen herausfordern wollen, reicht das Lied weiter, von Australien bis zum sechseinhalbtausend Kilometer entfernten Französisch-Polynesien.

Das Siegerlied klingt von Jahr zu Jahr anders: manchmal wie ein weinendes Kind, manchmal wie eine knarrende Tür, manchmal wie ein wirklich hartnäckiger Schluckauf. Beim Singen drehen die Wale normalerweise ihren Körper so, dass sie in der Wassersäule auf dem Kopf zu stehen scheinen, wo sie dann bewegungslos verharren und sich treiben lassen. Der Hypothese einiger Forscher zufolge benutzen die Sänger die Topografie des Meeresbodens, um den Klang ihres Gesangs zu verstärken.

Obwohl sich Wissenschaftler schon seit Jahrzehnten mit dem undulierenden Gesang der Buckelwale beschäftigen, kratzen sie in Bezug auf die Bedeutung der Melodien nur an der Oberfläche. Für mein Laienohr hört sich der Gesang eindringlich und komplex an, und die für die Tiere so typische Musik versetzt mich in eine Urzeit zurück.

Buckelwale gehören zu den uns vertrautesten Walarten. Ihr lateinischer Name, *Megaptera novaeangliae*, bedeutet so viel wie »großer Flügel Neuenglands« und bezieht sich auf die beiden enormen Brustflossen der Tiere. Die zahlreich vorkommenden und offenbar gut gedeihenden Wale bevölkern jeden Ozean der Welt und sind auf Walbeobachtungstouren häufig zu sehen.

Die Laute der Buckelwale setzen sich mit vierfacher Schallgeschwindigkeit fort, und doch ist ihr Gesang nur ein Aspekt ihrer Kultur, mit dem sie uns in Erstaunen versetzen.

Faszinierend ist auch, wie einige Buckelwale in Alaska ihre Nahrung aufspüren. Sie bedienen sich einer Technik namens Blasennetzjagd, bei der jedem Individuum eine spezifische Aufgabe zufällt. Wissenschaftler haben zwar herausgefunden, dass Buckelwale auch allein erfolgreich jagen können, doch scheinen die Tiere die Jagd in der

Luftaufnahme von Buckelwalen bei der Blasennetzjagd in den Gewässern vor Alaska; dahinter das Forschungsschiff der Alaska Whale Foundation. *(Foto: Brian Skerry und Steve De Neef)*

Gruppe zu bevorzugen. Dabei arbeiten häufig auch die Mitglieder verschiedener Familien zusammen, nicht unbedingt wegen der Effizienz, sondern weil sie es so wollen.

Die Jagd beginnt, wenn einer der Buckelwale die anderen quasi zu Tisch ruft. Ein unheimlicher Ruf – wie ein Urschrei, der den Schiffsrumpf durchläuft und zum Vibrieren bringt, wie ich es einmal erlebt habe. Er signalisiert den Artgenossen, dass es nun Zeit ist, sich an die Arbeit zu machen (und schreckt vermutlich auch die Fische auf, die ihn hören).

Daraufhin umgibt ein zweiter Wal die Beute mit einem Blasennetz, indem er spiralförmig unter den Fischen in die Tiefe schwimmt und beim Ausatmen einen Luftblasenvorhang im Wasser erzeugt. Dieser drängt die Beute in einem kleinen Bereich zusammen. Gleichzeitig umkreisen andere Wale die Fische und lassen dabei ihren weißen Bauch aufblitzen, um sie zu erschrecken. Dann stürzen sich die Wale mit weit aufgerissenem Maul mitten in den dichten Köderballen und fressen.

Ein Teil der gleichen Buckelwale in Alaska hat mittlerweile eine überraschend neue Taktik der Nahrungssuche entwickelt. In dem Versuch, die örtlichen Lachspopulationen zu erhöhen, haben die Fischer dort Lachsaufzuchtanlagen errichtet. Sie sammeln Lachseier in den Laichgebieten der Flüsse, hegen und pflegen sie in den Aufzuchtanlagen und setzen die jungen Lachse anschließend in der Bucht aus.

Und das wissen die Buckelwale inzwischen. Sie finden sich in jedem Frühjahr vor den Schleusen der Aufzuchtanlagen ein, kurz bevor die Männer die Fische freilassen. Das Erstaunliche daran ist, dass die Fischer selbst den genauen Zeitpunkt nicht kennen, da Bedingungen wie Wassertemperatur und Salzgehalt stimmen müssen. Er variiert also von Jahr zu Jahr – und trotzdem tauchen die Wale jedes Mal auf, pünktlich auf die Minute.

Ich habe das Spektakel eines Nachmittags selbst miterlebt. Ich stand auf dem Dock einer eingezäunten Bucht, nippte an einem Kaffee und beobachtete Weißkopfseeadler. Vor mir lagen die aus Netzen gefertigten Gehege der jungen Fische. Plötzlich schoss ein riesiger Buckelwal direkt neben mir aus dem Wasser. Das Weibchen war durch einen schmalen Kanal in die Bucht gelangt und bewegte sich nun in nicht einmal drei Meter tiefem Wasser.

Buckelwale verfügen nicht über Echo-Ortung, und trotzdem manövrierte dieses Tier, das länger als ein Stadtbus war, seinen massigen Körper geschickt durch einen industriellen Unterwasser-Hindernisparcours. Das Dock, versenkte Pylone, Schläuche, alte Reifen, Maschinenteile – der Wal hätte mit allem kollidieren können. Tat er aber nicht.

Als die Fischer die Brut einige Tage später freiließen, kehrte der Wal zurück. Das Buckelwalweibchen erzeugte ein kleines Blasennetz unter dem Gehege der jungen Fische und bediente sich anschließend nach Herzenslust. Die Fischer schüttelten nur den Kopf – diesen Tieren konnte man einfach nicht beikommen.

Buckelwale wandern jedes Jahr lange Strecken, von den wärmeren Gewässern, in denen sie sich paaren und Junge zur Welt bringen, zu ihren Nahrungsgründen in der Nähe der Pole. Auf dieser Reise bleiben Buckelwalmütter und ihre Kälber dicht beieinander. Oft berühren sie sich auch gegenseitig mit ihren Flippern, den Brustflossen – eine Zuneigungsbekundung und nur ein Beispiel für die enge Bindung zwischen Mutter und Jungtier.

In Gegenden, in denen sich Beutegreifer wie Schwertwale aufhalten, reduzieren die Jungen ihre Lautäußerungen gegenüber der Mutter auf ein Flüstern. Diese wiederum bringt dem Nachwuchs bei, wie man ein kräftiger Schwimmer wird, der für eine solche lange Reise gerüstet

OBWOHL SICH WISSENSCHAFTLER SCHON SEIT JAHRZEHNTEN MIT DEM UNDULIERENDEN GESANG DER BUCKELWALE BESCHÄFTIGEN, KRATZEN SIE IN BEZUG AUF DIE BEDEUTUNG DER MELODIEN NUR AN DER OBERFLÄCHE. FÜR MEIN LAIENOHR HÖRT SICH DER GESANG EINDRINGLICH UND KOMPLEX AN, UND DIE FÜR DIE TIERE SO TYPISCHE MUSIK VERSETZT MICH IN EINE URZEIT ZURÜCK.

ist: Wissenschaftler haben beobachtet, dass die Mütter mit ihren Kälbern vom offenen Meer zur Küste und wieder zurück schwimmen, wieder und wieder, wie im Schwimmunterricht.

Die Geschwindigkeit erreichen Buckelwale in erster Linie aufgrund ihrer großen Fluke, der Schwanzflosse, die sie geradezu durchs Wasser katapultiert. Es bedarf jedoch mehr als nur der Ausdauer und Kraft, um vom Südpazifik in die Antarktis zu schwimmen. Buckelwale sind auch ausgezeichnete Navigatoren.

Forscher, die mittels Satellitentechnologie die Buckelwale im Südatlantik und Südpazifik studieren, haben entdeckt, dass die Tiere auf ihren Zugrouten erstaunlich präzise Wege einhalten, und das über gewaltige Strecken Ozean hinweg. Mit Stürmen und reißenden Strömungen werden sie spielend fertig. Während sie Tausende von Seemeilen zurücklegen, kommen sie nie mehr als fünf Grad von ihrer gewohnten Route ab. Etwa die Hälfte der Wale der Studie wich sogar weniger als ein Grad davon ab.

Wie es den Tieren gelingt, so schnurstracks durch einige der stürmischsten Gewässer der Welt zu schwimmen, ist ein Rätsel, das die Wissenschaftler schon seit Langem beschäftigt. Ebenso wie Vögel und andere Lebewesen, die beim Migrieren extrem weite Strecken überwinden, scheinen sich auch die Buckelwale zumindest zum Teil am Magnetfeld der Erde zu orientieren. Sie benutzen dazu auch die Position der Sonne und vielleicht sogar die des Mondes und der Sterne.

Doch welche Rolle spielt dabei ihr Gesang? Könnten die eindringlichen Klänge der Walmusik ebenfalls reisenden Artgenossen über einen gigantischen Ozean hinweg akustische Signale vermitteln? Detail für Detail wird von den Forschern entschlüsselt, ein Geheimnis nach dem anderen enthüllt. Trotzdem bleibt uns im Moment nur das Staunen. ■

INS MEER HINAUS
Nachdem sie einige Tage in den schützenden Gewässern um Rarotonga, eine der Cookinseln im Südpazifik, verbracht haben, schwimmen eine Buckelwalmutter und ihr junges Kalb ins offene Meer hinaus; zwei männliche Buckelwale – einer als Eskorte sowie dessen Rivale – folgen ihnen.

MUTTERLIEBE
Eine Buckelwalmutter und ihr Kalb steigen über den Korallenriffen vor Tonga im Südpazifik an die Wasseroberfläche. In den ersten Wochen nach der Geburt des Kalbs verhalten sich die meisten Buckelwalmütter ausgesprochen beschützend, im Lauf der Zeit entspannen sie sich jedoch ein wenig.

HUCKEPACK

Wie das Space Shuttle, das von einer Boeing 747 transportiert wird, lässt sich auch ein Buckelwalkalb in den Gewässern um Tonga von seiner Mutter huckepack tragen. Ziehen die beiden durch Gegenden, in denen sich Beutegreifer aufhalten, flüstert die Buckelwalmutter beruhigend auf ihr Kalb ein.

EIN SEHR NEUGIERIGES KALB
Nachdem ich mich eine Weile unter Wasser mit einer Buckelwalmutter, ihrem Kalb und ihrem Begleiter aufgehalten hatte, beschloss ich, zurück an Bord zu gehen und es mit einigen Fotos über Wasser zu versuchen. Ich war noch im Neoprenanzug, als dieses Kalb seinen Kopf aus dem Wasser streckte, um einen genaueren Blick auf mich zu werfen. Sein Gesichtsausdruck ist unbezahlbar!

OLD FAITHFUL
Gerade als aus einer Lachsaufzuchtanlage in Alaska die Brut in die geschützte Bucht entlassen wird, erscheint ein Buckelwal auf der Bildfläche. Die Tiere steuern geschickt durch das wahre Minenfeld an Netzen und anderer Ausrüstung, um sich mit der Unmenge junger Fische den Bauch vollzuschlagen.
(Foto: Brian Skerry und Mark Romanov)

MITTAGESSEN!
Der allein jagende Buckelwal erzeugt ein Blasennetz unter den Fischen, das die Junglachse zu einem dichten Köderballen zusammendrängt. Anschließend schwimmt er an die Wasseroberfläche, um zu fressen.
(Foto: Brian Skerry und Dan Evans)

AUSGETRICKST
Ein Angestellter der Hidden Falls Hatchery in Alaska starrt an diesem verregneten Tag niedergeschlagen auf einen Buckelwal, der die soeben freigelassenen jungen Lachse frisst. Die Eier in der Aufzuchtanlage stammen aus nahe gelegenen Flüssen, damit sollen die Junglachspopulationen und natürlich auch die Anzahl ausgewachsener Tiere für den Fischfang erhöht werden. Doch die Wale machen den Fischern immer wieder einen Strich durch die Rechnung.

ABENDESSEN MIT FREUNDEN
Als die letzten Sonnenstrahlen die Berglandschaft in sanftes Licht tauchen, durchbricht eine Gruppe Buckelwale auf dem Höhepunkt ihrer Blasennetzjagd die Wasseroberfläche der Chatham Strait in Alaska. Die beteiligten Wale versammeln sich jedes Jahr eigens zu diesem Zweck – alte Freunde, die sich immer im Sommer zur gemeinsamen Mahlzeit treffen.

BUH!

In den schwach beleuchteten Gewässern der norwegischen Arktis füllt sich ein Buckelwal das Maul mit Heringen und dehnt seine Kehlfurchen dabei vollständig aus. Der Wal überraschte mich, als er mit geöffnetem Maul nur wenige Meter von mir entfernt auftauchte. Bei schlechten Sichtverhältnissen gemeinsam mit nahrungsuchenden Walen zu schwimmen, kann ganz schön riskant werden!

SEHR ERFREUT!
Ein neugeborenes Kalb schwimmt bei Tonga vor seiner Mutter her. Der kleine Wal hatte wahrscheinlich noch nie zuvor einen Menschen gesehen und war deshalb sehr neugierig – doch seine Mutter behielt stets ein wachsames Auge auf uns.

DICHT AUF DEN FERSEN

Ein singendes Buckelwalmännchen (links) verharrt beinahe regungslos in der Strömung vor den Cookinseln. Vor Tonga verfolgt eine Schwadron männlicher Buckelwale ein Weibchen (rechts), wobei die Männchen in erster Linie um das Recht kämpfen, das Weibchen begleiten zu dürfen – ob dieses dann auch am Sieger interessiert ist, steht auf einem anderen Blatt.

HINTER DEM BILD

In einer Bucht vor der Küste eines Inselchens in Tonga im Südpazifik bemerkte ich eines Morgens einen kleinen Blas an der Wasseroberfläche. Ein Buckelwalkalb war aufgetaucht, um Luft zu schöpfen; seine Mutter befand sich wahrscheinlich irgendwo unter ihm und schlief vielleicht. Leise ließ ich mich ins Wasser gleiten und schwamm auf die beiden zu.

Ich konnte das Kalb noch gerade so ausmachen, die Mutter hielt sich in etwa 15 Meter Tiefe auf. Doch je näher ich an sie herankam, desto klarer wurden ihre Umrisse. Sie ähnelte einem Raumschiff, das absolut bewegungslos im monochromen Blau des Wassers hing, während ihr kleineres Schiff sie umkreiste.

Nachdem es getrunken hatte, schlich sich das riesige Baby zum Kopf seiner Mutter. Es beschnupperte ihr Gesicht und schmiegte sich dann eng an ihren Körper, um ein Nickerchen zu halten, wobei nur noch die Nasenspitze zu sehen war.

Irgendwann aber musste das Kleine wieder Atem holen. Und während es sich nach oben treiben ließ, konnte ich ganz deutlich den von der Sonne beschienenen Kopf erkennen. Und dann das Auge.

Das Kalb sah mich an, neugierig, aber zögerlich. In diesem Augenblick hatte ich das Gefühl, mich bei dem Tier für all das Unrecht entschuldigen zu wollen, das Menschen Walen angetan haben. Ich versuchte meinen Puls zu verlangsamen, damit der junge Wal von dem ersten Menschen, den er wahrscheinlich je zu Gesicht bekommen hatte, keinerlei Aggression ausgehen spürte. Wir sahen einander weiter an. Dann sauste das Kalb zurück zu seiner Mutter, die im dunklen, blauen Meer noch immer schlief.

OASE DER RUHE
An solchen Tagen, wenn das Wasser ruhig und die Luft frisch ist und ich von Walen umgeben bin, wünschte ich, die Sonne würde nie untergehen. Wenn ich auf dem Meer bin, die Buckelwale und die schneebedeckten Berge von Alaska um mich herum, fühle ich mich lebendig und eins mit der Natur.

KAPITEL 6

Wächter der Tiefe

DELFINE
Delphinidae, Odontoceti
LÄNGE/DURCHSCHNITT: 1–7 Meter
GEWICHT/DURCHSCHNITT: Bis 6 Tonnen
ANZAHL DER ARTEN: 36
IUCN-STATUS: Verschieden

Wir haben die Geschichten alle schon gehört: Ein gestrandeter Schwimmer oder schiffbrüchiger Seemann treibt hilflos auf dem Meer und glaubt schon, sein letztes Stündlein hätte geschlagen, als plötzlich ein anmutiges Tier mit geschwungener Schnauze herangleitet. Dann ein weiteres und noch eines. Es sind Delfine, die zur Rettung herbeigeeilt sind.

Erzählungen von Delfinen, die Menschen helfen – manche Legende, viele aber mit wahrem Kern –, beflügeln unsere Fantasie schon seit Urzeiten. Eines der ersten großen Seefahrervölker überhaupt, die alten Griechen, bildete Delfine auf seinen Münzen, Keramiken und Fresken ab. Homer schrieb über die Geschöpfe, Herodot berichtete von einem Poeten, der Piraten in die Hände fiel, ins Meer sprang und von Delfinen sicher an Land gebracht wurde.

Warum die Tiere uns scheinbar helfen wollen, wissen wir nicht. Wie bei allen Walen bleibt uns auch ihr Verhalten bisher zum großen Teil ein Rätsel. Doch irgendetwas an ihrer Klugheit und ihrem Charisma macht Delfine für uns zu einem der anziehendsten Meeressäuger der Welt.

Es gibt 36 Delfinarten, sie alle gehören zur Ordnung der Wale. Sie bevölkern alle Weltmeere, einige Arten leben in Flüssen. Delfine sind höchst gesellige Tiere, sie bilden Schulen, die ein Dutzend oder mehr Individuen umfassen, und sie brauchen ein Niveau an sozialer Anregung, das dem unseren vergleichbar ist. Ihre Kommunikation findet in Quiek-, Pfeif- und Klicklauten statt.

Ob ich mich nun in der Gesellschaft von Zügeldelfinen in der Nähe der Bahamas, von Ostpazifischen Delfinen vor Hawaii oder von Schwarzdelfinen im Golfo Nuevo befinde, jedes Mal staune ich über einen gemeinsamen Aspekt: Delfine scheinen immer ungeheuer viel Spaß zu haben.

Das stimmt so natürlich nicht. Wir wissen, dass die Tiere ein komplexes Leben führen. Sie können durchaus auch bedrohlich wirken: Manchmal verletzen oder töten sie andere Delfine und sind schon beim Angriff auf viel größere Wale gesehen worden. (Nachdem ein Wissenschaftler ein halbes Dutzend Weißstreifendelfine dabei beobachtet hatte, wie es – anscheinend nur so zum Spaß – einen Buckelwal bedrängte, formulierte er das so: »Delfine können geradezu mystische Wesen und absolute Freaks sein – beides trifft zu.«) Außerdem sind sie im Großen und Ganzen den gleichen Gefahren ausgesetzt wie andere Meeressäuger auch, vor allem Zusammenstößen mit Schiffen und Booten sowie dem Verfangen in Fischernetzen.

Zwei Zügeldelfine steigen über dem sandigen Meeresboden bei den Bahamas zur Wasseroberfläche auf.

Doch wann immer ich ihnen begegne, schwimmen sie umher, vollführen Sprünge und necken einander. Sie spielen gern mit Seetang, schubsen ihn hin und her, bevor sie davonsausen. Sie müssen immer irgendwohin weiter.

Woher wissen wir, dass Delfine klug sind? Zum einen besitzen sie nach dem Menschen das größte Gehirn im Verhältnis zum Rest des Körpers. Zudem verfügen sie über eine Eigenwahrnehmung: Sie erkennen sich selbst im Spiegel, und das in einem früheren Alter als der Mensch. Schlafen sie, bleibt eine Hälfte ihres Gehirns wach, damit sie atmen können. Delfine lieben es zu spielen. Und sie können komplexe Probleme lösen, etwa wie man einen sich windenden Oktopus fängt, tötet und verzehrt.

Nur wenige Tiere wissen, wie man Werkzeuge gebraucht – Delfine wissen es. Sie wurden schon dabei beobachtet, wie sie ihre Nase mit einem Meeresschwamm schützten, wenn sie im rauen Sand nach Nahrung suchten. Und in Australien gibt es wissenschaftliche Belege dafür, dass Tümmler Fische in leere Muscheln jagen; diese Muscheln befördern sie anschließend an die Wasseroberfläche, wo sie sie mithilfe ihres Rostrums schütteln und sich die Fische direkt ins Maul fallen lassen.

Das Erstaunlichste an dieser Technik ist, dass die Tiere sie nicht von ihrer Kernfamilie lernen; sie schauen sie sich von anderen, nichtverwandten Delfinen ihrer sozialen Kreise ab. Eine anspruchsvolle Art des Lernens, die man für gewöhnlich nur von Orang-Utans, Schimpansen und den Menschen kennt.

Delfine verfügen über eine fein abgestimmte Echo-Ortung, mit deren Hilfe sie die Welt akustisch sehen und ihre Beute aufspüren. Wie bei einigen anderen Walen variieren ihre Strategien der Nahrungssuche erheblich und sind Ausdruck ihrer jeweils einzigartigen Kultur. So ziehen Tümmler in Florida beispielsweise in seichtem Gewässer einen Schlammkreis um ihre Beute – überwiegend Meeräschen –, den die Fische nicht durchschwimmen können. Stattdessen springen sie darüber hinweg – direkt ins Maul der außerhalb des Kreises wartenden Delfine.

Bei den Bahamas sucht dieselbe Delfinspezies den sandigen Meeresboden mithilfe der Echo-Ortung nach Beute ab. Dann drehen die Tiere plötzlich ab, stecken das Rostrum in den Sand und schnappen sich das Futter. Einer Studie zufolge haben Tümmler, die auf diese Weise nach Nahrung suchen, eine sogar noch stärkere Vorliebe für den »Uhrzeigersinn« als der Mensch: Sie drehen sich fast immer nach rechts, bevor sie die Nase in den Sand stecken.

Am meisten über das Leben der Delfine erfahren wir anhand ihrer Art zu kommunizieren. Die Wissenschaft versucht seit Jahrzehnten herauszufinden, ob die Klänge und Strukturen der Laute vielleicht die Basis einer ganzen Delfinsprache bilden.

Dabei legen die Forscher großen Wert darauf, das Verhalten von Meeressäugern nicht zu vermenschlichen. Das ist besonders bei hochexpressiven Delfinen wichtig. Manchmal jedoch können die Wissenschaftler aber nicht umhin, bestimmten Lauten einen komplexen emotionalen Informationsgehalt zu unterstellen. Vor einigen Jahren etwa trafen sie in Südchina auf einen Chinesischen Weißen Delfin, der ein totes Kalb bei sich trug und dem andere Delfine folgten. Die Tiere erzeugten längere, differenziertere Pfeiflaute als üblich, auch die Tonhöhe der Rufe war anders und sie besaßen viel mehr Wendepunkte. Daraus leiteten die Wissenschaftler ab, dass die Tiere trauerten.

Wir wissen zwar noch nicht genau, was die Delfine zueinander sagen, außer Zweifel steht aber, dass sie zu anspruchsvoller Kommunikation fähig sind. Die Pfeif- und Klicklaute erzeugen und hören sie in zehnmal höherer Frequenz als Menschen, und zusätzlich drücken sie sich auch

NUR WENIGE TIERE WISSEN, WIE MAN WERKZEUGE GEBRAUCHT – DELFINE WISSEN ES. SIE WURDEN SCHON DABEI BEOBACHTET, WIE SIE IHRE NASE MIT EINEM MEERESSCHWAMM SCHÜTZTEN, WENN SIE IM RAUEN SAND NACH NAHRUNG SUCHTEN. UND IN AUSTRALIEN GIBT ES WISSENSCHAFTLICHE BELEGE DAFÜR, DASS TÜMMLER FISCHE IN LEERE MUSCHELN JAGEN.

über Haltungen aus. Durch maschinelles Lernen versuchen Forscher, die Töne der Tiere zu analysieren, den Code der Delfinsprache zu knacken und vielleicht sogar zu einer wechselseitigen Kommunikation zu gelangen.

Darüber hinaus scheinen Delfine einen unheimlichen sechsten Sinn zu besitzen, den ich vor einigen Jahren hautnah miterleben durfte. Nachdem ich ein Projekt mit Ostpazifischen Delfinen vor Hawaii abgeschlossen hatte, lud ich einen ganz besonderen Gast auf das Boot ein: eine Teenagerin namens Skye, die an Krebs erkrankt war. Die Make-a-Wish Foundation hatte es möglich gemacht, dass sie nach Hawaii fliegen und einen Tag mit mir verbringen konnte. Und ich wollte Skye unbedingt zusammen mit Delfinen im Wasser sehen.

Das Projekt war nicht einfach gewesen; die Tiere hatten sich sehr scheu gezeigt, meine Fotos von ihren waren der Lohn harter Arbeit. Ich war daher nicht sicher, ob die Delfine überhaupt auftauchen würden. Skye, ihre Mutter und ich machten uns auf den Weg. Als wir einige der Tiere erspähten, glitt Skye ins Wasser – und es dauerte nur wenige Minuten, bis sie alle zu ihr hinüberschwammen.

Sie umkreisten sie wieder und wieder, während Skye schnorchelte. Stundenlang vollführten sie gemeinsam mit diesem Mädchen, das so viel durchgemacht hatte, ein wunderschönes Ballett. Ihrer Mutter liefen die Tränen übers Gesicht, während sie der Tochter zusah. Als die Sonne an diesem Abend unterging, hatten wir Salzkrusten auf der Haut und einen leichten Sonnenbrand. Und die Delfine hatten bei Skye und ihrer Mutter Wunder gewirkt – sie hatten sie verwandelt.

Vielleicht war an diesem Tag einfach das Glück auf unserer Seite gewesen. Vielleicht hatten die Delfine aber auch intuitiv Skyes Anwesenheit und ihre Verletzlichkeit gespürt. Skye war weder gestrandet noch schiffbrüchig. Die Delfine haben sie trotzdem gerettet. ■

WAS SIE WOHL DENKEN?
Ein Tümmler zwischen zwei Zügeldelfinen vor den Bahamas. Delfine besitzen nach dem Menschen das größte Gehirn im Verhältnis zum Rest des Körpers und damit ausgeprägte kognitive Fähigkeiten. Sie üben willkürliche Kontrolle über ihre Atmung aus, halten beim Schlafen eine Gehirnhälfte wach und sehen nicht nur mit den Augen, sondern auch akustisch.

UNTER DEN WELLEN
Ein Trio Zügeldelfine gleitet vor den Bahamas knapp unterhalb der Oberfläche durchs Wasser. Das Tier im Hintergrund hat durch einen Hai-Angriff einen Teil seiner Rückenflosse eingebüßt.

HINTER DEM BILD

Die wichtigste Fähigkeit, die ein Naturfotograf mitbringen sollte, ist Geduld. Nach drei Wochen in Patagonien allerdings war meine Geduld ernsthaft auf die Probe gestellt.

Ich war in der Hoffnung nach Argentinien gereist, Schwarzdelfine beim Fressen von Sardellen zu fotografieren. Die Delfine treiben kleine Fische zu einem dichten Köderballen zusammen, wobei sie unter Wasser miteinander kommunizieren; diese einzigartige Strategie der Nahrungsaufnahme spricht Bände hinsichtlich der Intelligenz und der Kultur der Tiere.

Doch der März auf der Halbinsel Valdés war kalt und regnerisch, und während meiner drei Wochen dort hatte ich nur ein paar Mal aufs Meer hinausfahren können. Zwar hatte ich mit Delfinen schwimmen können, aber ihr besonderes Jagdverhalten – den eigentlichen Grund meines Aufenthalts – dabei aber nie zu Gesicht bekommen.

Die Morgendämmerung an meinem letzten Tag in Patagonien unterschied sich nicht von jener der vorhergehenden Tage. Ich machte Dutzende von Tauchgängen, blieb aber erfolglos. In voller Ausrüstung setzte ich mich auf den Heckbalken des Boots und versuchte, mich mit meinem Schicksal abzufinden. Mein Assistent Luis Lamar schlug mir vor, meine Pony Bottle auszuwechseln, die kleine, zusätzliche Atemluftflasche am Drucklufttauchgerät. Mir erschien das wenig sinnvoll, denn in einer Viertelstunde würde ohnehin die Sonne untergehen. Doch Lu bestand darauf, und so gab ich nach.

Nur einen Augenblick später fand ich mich in rund neun Meter Tiefe wieder: vor mir die Reste eines Sardellenköderballens, daneben mindestens sechs Schwarzdelfine, Pinguine, Sturmtaucher und Seelöwen. Hin und her drehte ich mich im schwach beleuchteten Meer und fotografierte wie ein Irrer. Zeit und Raum spielten keine Rolle mehr, wenn ich nur das Foto bekam, das ich wollte.

Auf der langen Fahrt zurück scrollte ich auf dem Display meiner Kamera durch die Bilder, hielt inne und lächelte Lu an. Da war es, mein Foto.

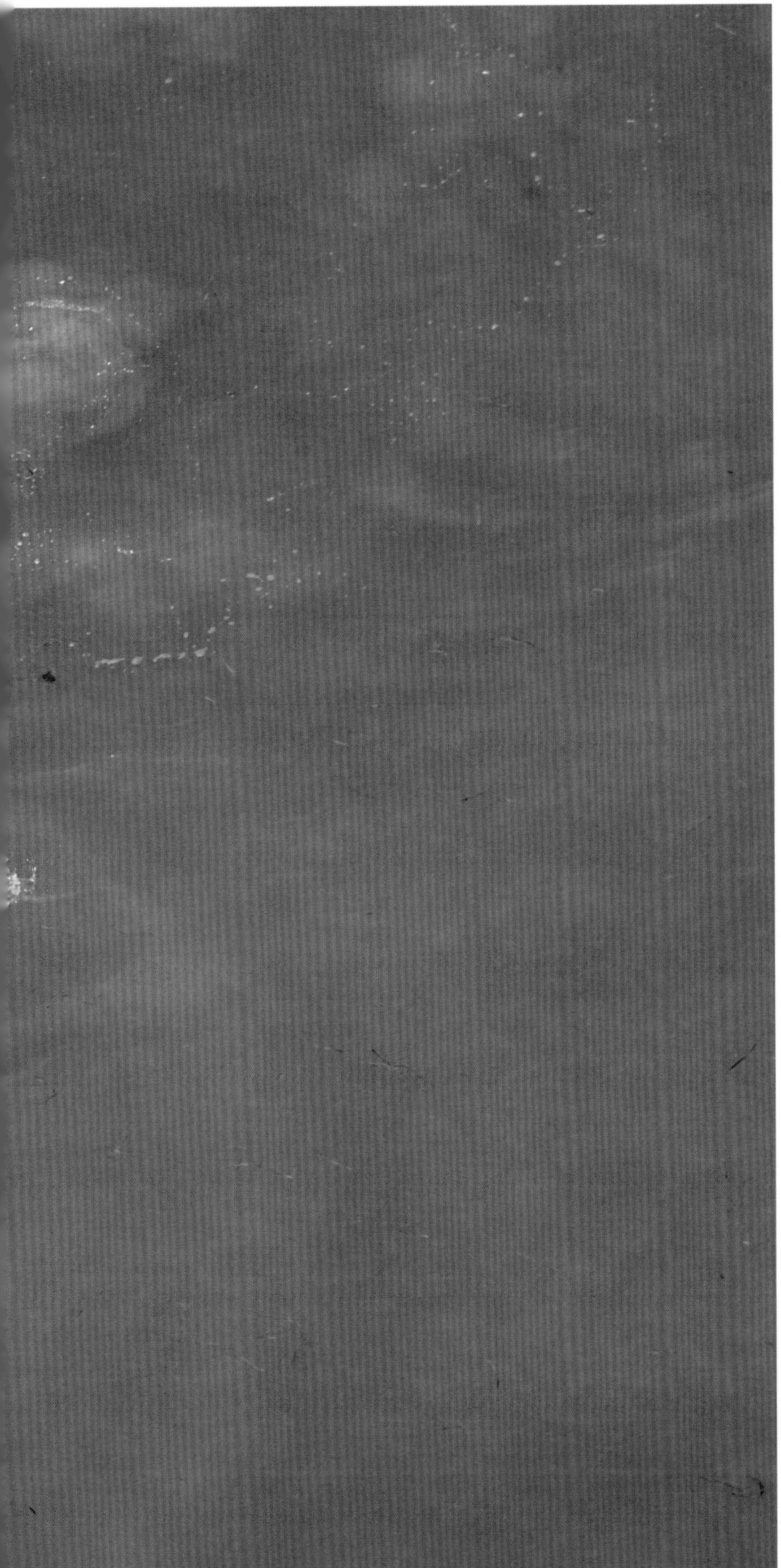

KREATIV ESSEN
Drei Tümmler genießen in der Florida Bay die Ausbeute ihrer Schlammkreis-Strategie der Jagd. Einer der Delfine hat mit seiner Schwanzflosse einen Ring aus Schlamm um eine Schule Meeräschen erzeugt. Da die Fische Angst haben, in die braune Wand zu schwimmen, springen sie darüber hinweg – und damit den Delfinen direkt ins Maul.

WASSERBALLETT

Auch nach so langer Zeit, die ich mit Delfinen verbracht habe, staune ich noch immer über ihre fließende Anmut. Der perfekte Augenblick für ein Foto setzt meist aber stundenlanges Schwimmen und geduldiges Warten voraus, bis sich eine Szene wie diese mit den Zügeldelfinen ergibt. Günstige Gelegenheit kombiniert mit Vorbereitung – das ist meine Definition von Glückhaben.

GLÜCKSFALL
Schon seit Urzeiten gilt der Anblick von Delfinen als gutes Omen. Und da auch ich ein etwas abergläubischer Seemann bin, sehe ich die Tiere ebenfalls so. Auch an diesem Tag hat mich eine Gruppe Weißstreifendelfine rund 160 Kilometer vor der kalifornischen Küste nicht enttäuscht: Die kleinen Wale brachten mir bei meinem Tauchgang fotografisches Glück.

HEIMAT, SÜSSE HEIMAT
Zwei Indopazifische Große Tümmler vor der südkoreanischen Insel Jeju. Mitglieder der Schule dieser Tiere wurden illegal eingefangen und im Zoo von Seoul gehalten. 2013 entließ man die Delfine vor Jeju wieder in die Freiheit, wo sie sich der Schule, in die sie geboren worden waren, erneut anschlossen. Die IUCN klassifiziert die Spezies als potenziell gefährdet.

ES IST ANGERICHTET
Diese Tümmler spüren ihre Beute im Sand bei den Bahamas mittels Echo-Ortung auf. Hat der Delfin einen Fisch akustisch lokalisiert, stellt er sich auf den Kopf und schnappt ihn sich mit seinem Rostrum – ein weiteres Beispiel für eine kreative Strategie der Nahrungssuche, die von kognitiven Fähigkeiten und Kultur zeugt.

GLÜCK UND TIMING
Die Freitaucherin Ai Futaki, Gewinnerin von mehreren Meisterschaften, schwimmt bei Hawaii mit Ostpazifischen Delfinen. Wir hatten vor der Küste gerade an ganz anderen Projekten gearbeitet, als die Tiere auftauchten. Glücklicher Zufall und Delfine: ein perfektes Zusammenspiel.

ZEIT ZUM SPIELEN
Delfine sind bekannt für ihre Spielfreude, und eines ihrer Lieblingsspiele besteht darin, etwas aus dem Wasser aufzusammeln und an andere weiterzugeben. An einem frühen Morgen stieß ich in einer ruhigen Bucht vor Hawaii auf drei Ostpazifische Delfine, die sich mit großen Blättern drapiert hatten (links). Vor den Bahamas war bei Zügeldelfinen ein Stück Seetang der Gegenstand der Wahl (rechts).

TANZ IN DER TIEFE
In den gemäßigten, smaragdgrünen Gewässern des Golfo Nuevo in Argentinien vollführen zwei Schwarzdelfine Unterwasserakrobatik. Ihre unberechenbaren Bewegungen machten ein akzeptables Bild äußerst schwierig. Die Delfinart ist berühmt für ihre Sprünge über Wasser; hier arbeiten die beiden Tiere kooperativ zusammen, um Sardellen zu fangen.

GANZ NAH DRAN
Etwa 160 Kilometer vor der kalifornischen Küste kam es zu dieser seltenen Begegnung mit Nördlichen Glattdelfinen. Die zart wirkenden Tiere besitzen keine Rückenflosse und sie erschienen, als ich im Rahmen eines Auftrags vor Cortes Bank unterwegs war.

GLÜCKLICHER TANZ
Eine weitere unerwartete Begegnung – dieses Mal mit Tümmlern – fand in den Gewässern vor Saint Croix statt, einer der Amerikanischen Jungferninseln. Durch ihr scheinbar ständiges Lächeln und ihre Kapriolen wirken die Tiere glücklich. Das stimmt natürlich nicht immer, aber trotzdem hat sich durch wiederholte Erfahrungen dieser Eindruck bei mir festgesetzt.

ÜBER DEM REGENBOGEN
Am Morgen bestand nur wenig Hoffnung, dass dies ein großartiger Tag zum Fotografieren werden könnte: Ich saß in einem kleinen Schlauchboot und der Regen prasselte nur so auf mich herunter. Als es wieder aufklarte, bildete sich ein Regenbogen und ich wünschte mir sehr, ein Ostpazifischer Delfin würde einen seiner berühmten Sprünge vollführen. Und genau das geschah.

DANK

DIESES BUCH IST MEINER FAMILIE GEWIDMET, MARCIA, KATHERINE UND CAROLINE – DREI STARKEN FRAUEN, DIE GENAU WIE DIE WALFAMILIEN MIT WEISHEIT FÜHREN.

Ein Leben in der Gesellschaft wilder Tiere, insbesondere in der Gesellschaft von Walen, ist der Stoff, aus dem die Träume sind. Doch es hätte ohne die Hilfe vieler Menschen so nicht stattfinden können. All das ermöglicht meine Frau Marcia, deren Liebe, Beständigkeit und jahrzehntelange Unterstützung mir die Kraft verliehen haben, wieder und wieder ins Unbekannte zu reisen und mich unzähligen Herausforderungen zu stellen. Marcia und meine Töchter Kate und Caroline bilden das Fundament, auf das ich baue, und ich danke ihnen für die Opfer, die sie bringen, sowie für ihren unerschütterlichen Glauben an meine Arbeit. Sie schenken mir die Freude und den Frieden, die ich für meine Forschungen in der Natur brauche.

Ohne die Vision von Lisa Thomas und Hilary Black von *National Geographic Books* wäre dieses Buch nicht zustande gekommen. Ich bin ihnen für ihre Leidenschaft, Führung, Expertise und unermüdliche Unterstützung zutiefst dankbar. Ebenfalls danken möchte ich dem außergewöhnlichen Verlagsteam, mit dem ich das Privileg hatte, *Das geheime Leben der Wale* zu erarbeiten, darunter Melissa Farris, Libby Sander, Moriah Petty, Judith Klein, Mike Lappin und Adrian Coakley.

1998 wurde mein Traum, für die Zeitschrift *National Geographic* zu arbeiten, Wirklichkeit – eine Wirklichkeit, die meine Träume überstieg. Es beginnt immer mit einer Idee, einem Samen in meinem Kopf, aus dem die Vision einer Geschichte erwächst. Dies dem exzellenten Team von *National Geographic*, näherzubringen, in das jeder Einzelne seine Fähigkeiten und seine Kenntnisse einbringt, ist ungeheuer bereichernd. Bei National Geographic Partners gilt mein Dank Gary Knell, Susan Goldberg, Whitney Johnson, Courteney Monroe, Geoff Daniels, Janet Han Vissering und Pam Caragol.

Bei der National Geographic Society geht mein großer Dank an Mike Ulica, Jill Tiefenthaler, Kaitlin Yarnall, Alex Moen, Rachael Strecher, Doug Bailey und Will Thompson.

Ein ganzes Buch voll Dank gebührt Kathy Moran, der stellvertretenden Bildredaktionsleiterin der Zeitschrift *National Geographic*. Kathy war meine Redakteurin, Kollegin und Freundin bei fast jeder Story, die ich in der Zeitschrift veröffentlichen durfte. Ihre Kenntnisse im visuellen Erzählen sowie ihr Wissen über Tiere und Natur sind unvergleichlich, und ihre hingebungsvolle Perfektion ist immer wieder aufs Neue herzerwärmend. Kathy, vergiss nie, dass auch ich zu den unzähligen Fotografen und Lebewesen gehöre, die dir für deine Arbeit unendlich dankbar sind.

Man sagt, Ernest Shackleton habe einst eine Anzeige zum Anheuern einer Mannschaft für seine schicksalhafte Antarktisexpedition geschaltet. Darin beschrieb er die bevorstehende Reise als abenteuerlich, voller Gefahren, schlecht bezahlt, bitterkalt und ohne Garantie einer sicheren Rückkehr. Die Anzeige ist wahrscheinlich nur ein Mythos, aber die passende Überleitung zum Ausdruck meines zutiefst empfundenen Dankes gegenüber den Fotoassistenten, die mich bei meinen Aufträgen begleitet haben. Unsere Arbeit war vielleicht nicht ganz so hart wie die der Shackleton-Crew, aber doch fast. Für ihre wertvolle Hilfe und unschätzbaren Beiträge zu meiner Arbeit mit Walen möchte ich Steve De Neef, Jeff Hester, Luis Lamar, Nansen Weber und Jeff Wildermuth danken.

Ich habe meine Arbeit oft als Bestreben beschrieben, »mit dem Fallschirm über der Welt der Wissenschaftler abzuspringen und ihrer Forschung einen bildlichen Kontext zu verleihen«. Die wissenschaftliche Arbeit erfordert zahlreiche Fähigkeiten, und indem Forscher mitunter ihr ganzes Leben so vielen verschiedenen Disziplinen widmen, können wir die Welt besser verstehen. Aus diesem Grund bin ich den Forschern, die mir bei meiner Walmission Orientierung verschaffen und mir dabei helfen, die Dinge richtig wiederzugeben, ausgesprochen dankbar. Mein spezieller Dank gilt Shane Gero, der mich mit seiner Vorstellung der Walkultur inspirierte. Ich danke ihm für seine jahrzehntelange Arbeit mit Pottwalen und freue mich auf viele weitere Erklärungen seinerseits.

Für ihre Kenntnisse, ihre Geduld mit meinen endlosen Fragen und ihre Freundschaft möchte ich auch den folgenden Wissenschaftlerinnen und Wissenschaftlern danken: Scott Baker, Moira Brown, Simon Childerhouse, Jim Darling, Asha de Vos, Laura Engleby, David Gruber, Philip Hamilton, Terry Hardie, Nan Hauser, Denise Herzing, Meagan Jones, Eve Jourdain, Richard Karoliussen, Amy Knowlton, Scott Kraus, Stan Kuczaj, Marilyn Marx, Stormy Mayo, Michael Moore, Diana Reiss, Roz Roland, Chris Slay, Jan Straley, Andy Szabo, Ingrid Visser, Hal Whitehead, Carlie Wiener und Monica Zani.

Ebenso gilt mein Dank den folgenden Menschen, Institutionen, Schiffsmannschaften und Logistikangestellten, die diese Arbeit durch ihre Hilfe, ihre Unterstützung und ihr Wissen möglich gemacht haben: Hayes Baxley, Priscilla Brooks, Philip Burghard, Riaz Cader, Ryan Canon, Jasmine Carey, Mike Corrado, Anja Dietze, Melissa DiBartolo, Dive Dominica, Dan Evans, der Mannschaft der »Evohe«, Nick Fazah, Gretchen Freund, Sven Gust, Hidden Falls Hatchery, Darren Jew, Chris Johns, Hussain Aga Khan, Sarah Leen, Flip Nicklin, Mark Romanov, Rick Rosenthal, Brooke Runnette, Angie Salazar, Kina Scollay, Sea Lion Lodge, der Mannschaft der »Song of the Whale«, Mark Soares, Vikki Spruill, Phil Stephenson, der Mannschaft der »Ursa Major«, Deron Verbeck, Weber Arctic und Arctic Watch, Craig Welch, Roger Yazbeck und Red Rock Films, insbesondere Brian Armstrong, Kevin Krug, Shannon Malone, Andy Mitchell und Sari Wiener.

Und schließlich möchte ich besonders den folgenden Unternehmen und Organisationen danken, die mir bei meiner Arbeit wertvolle Partner waren, darunter vor allem der Conservation Law Foundation, dem New England Aquarium, Nauticam, Nikon, der Phil Stephenson Foundation und Reef Photo & Video.

Der Autor:
Brian Skerry ist Fotograf und Fotojournalist und international bekannt für seine atemberaubenden Bilder von Unterwasserwelten. Der vielfach preisgekrönte Fotograf arbeitet seit 1998 für National Geographic und veröffentlicht regelmäßig in vielfältigen Magazinen. Er ist Autor zahlreicher Bücher und hält Vorträge über Fotografie und Umweltschutz.

IMPRESSUM

Verantwortlich: Susanne Then
Übersetzung aus dem Englischen: Ulrike Kretschmer
Redaktion: Juliane Braun
Korrektorat: Christiane Gsänger
Satz: satz & repro Grieb, München
Umschlagadaption: Nina Andritzky
Repro: Ludwig: media
Herstellung: Bettina Schippel
Printed in Turkiye by Elma basim

In diesem Buch wird aus Gründen der besseren Lesbarkeit das generische Maskulinum verwendet. Weibliche und andere Geschlechteridentitäten werden dabei ausdrücklich mitgemeint, soweit es für die Aussage erforderlich ist.

Die Deutsche Nationalbibliothek verzeichnet diese Publikation in der Deutschen Nationalbibliografie; detaillierte bibliografische Daten sind im Internet über http://dnb.d-nb.de abrufbar.

Reproduktionen, Speicherungen in Datenverarbeitungsanlagen oder Netzwerken, Wiedergabe auf elektronischen, fotomechanischen oder ähnlichen Wegen, Funk oder Vortrag, auch auszugsweise, nur mit ausdrücklicher Genehmigung des Copyrightinhabers.

NATIONAL GEOGRAPHIC and Yellow Border Design are trademarks of the National Geographic Society, used under license.

Titel der englischen Originalausgabe: *Secret of the Whales*
Copyright © 2021 der Originalausgabe Brian Skerry. Compilation copyright © 2021 National Geographic Partners, LLC. All rights reserved.

Copyright © 2021 Deutsche Ausgabe Brian Skerry. Compilation copyright © 2021 National Geographic Partners, LLC. All rights reserved.

Deutsche Ausgabe veröffentlicht von
NG Buchverlag GmbH, Infanteriestr. 11a, 80797 München.
Lizenznehmer von National Geographic Partners, LLC.

This edition is published by
NG Buchverlag GmbH through licensing agreement with National Geographic Partners, LLC.

Alle Rechte vorbehalten.

3. Auflage 2025
ISBN 978-3-86690-762-1

★★★★★

Sind Sie mit diesem Titel zufrieden? Dann würden wir uns über Ihre Weiterempfehlung freuen. Erzählen Sie es im Freundeskreis, berichten Sie Ihrem Buchhändler oder bewerten Sie bei Onlinekauf. Und wenn Sie Kritik, Korrekturen, Aktualisierungen haben, freuen wir uns über Ihre Nachricht an Bruckmann Verlag, Postfach 40 02 09, D-80702 München oder per E-Mail an lektorat@verlagshaus.de.

Unser komplettes Programm finden Sie unter

www.nationalgeographic-buch.de

Seit ihrer Gründung 1888 hat sich die National Geographic Society weltweit an mehr als 13 000 Expeditionen, Forschungs- und Schutzprojekten beteiligt. Die Gesellschaft erhält Fördermittel von National Geographic Partners LLC, unterstützt unter anderem durch Ihren Kauf. Ein Teil der Einnahmen dieses Buches hilft uns bei der lebenswichtigen Arbeit zur Bewahrung unserer Welt. Das legendäre NATIONAL GEOGRAPHIC-Magazin erscheint monatlich. Darin veröffentlichen namhafte Fotografen ihre Bilder und renommierte Autoren berichten aus nahezu allen Wissensgebieten der Welt. National Geographic im TV ist ein Premium Dokumentations-Sender, der ein informatives und unterhaltsames Programm rund um die Themen Wissenschaft, Technik, Geschichte und Weltkulturen bereithält. Falls Sie mehr über National Geographic wissen wollen, besuchen Sie unsere Website unter **www.nationalgeographic.de**.

Bildnachweis:

Alle Bilder im Innenteil und auf dem Umschlag stammen von Brian Skerry.

Die Fotos von den Atlantischen Nordkapern auf den Seiten 32, 33, 34–35, 36, 37 und 44–45 sowie die von den Buckelwalen auf den Seiten 8–9, 134 und 156–157 sind mit freundlicher Genehmigung des NOAA NMFS Office of Protected Resources abgedruckt.Die Fotos von den Ostpazifischen Delfinen um Hawaii auf den Seiten 14–15, 182–183 und 188–189 sowie die von den Tümmlern in Florida auf den Seiten 170–171 sind mit freundlicher Genehmigung von NMFS (NOAA), Permit #17941, abgedruckt.

Umschlagvorderseite: Buckelwalkalb in den Gewässern vor Tonga
Umschlagrückseite: Weißwale in den flachen Gewässern von Cunningham Inlet in der kanadischen Arktis
Seite 1: Schlafene Pottwale vor den Azoren
Seite 2: Ein Taucher und ein Südkaper treffen in den subantarktischen Gewässern Neuseelands aufeinander.

Ebenfalls erhältlich:

978-3-86690-726-3